饌

以清乾隆三十五年

"问心斋藏板"《小窗幽记》为底本

小窗幽记

［明］陆绍珩

辑

中国友谊出版公司

图书在版编目（ＣＩＰ）数据

小窗幽记 ／（明）陆绍珩辑. — 北京：中国友谊出版公司，2020.9（2022.2重印）

ISBN 978-7-5057-4882-8

Ⅰ．①小… Ⅱ．①陆… Ⅲ．①人生哲学－中国－明代 Ⅳ．①B825

中国版本图书馆CIP数据核字(2020)第129014号

书名	小窗幽记
作者	[明] 陆绍珩
出版	中国友谊出版公司
发行	中国友谊出版公司
经销	新华书店
印刷	唐山富达印务有限公司
规格	640×960毫米　16开
	13印张　85千字
版次	2020年9月第1版
印次	2022年2月第3次印刷
书号	ISBN 978-7-5057-4882-8
定价	35.00元
地址	北京市朝阳区西坝河南里17号楼
邮编	100028
电话	(010) 64678009

版权所有，翻版必究

如发现印装质量问题，可联系调换

电话　(010) 59799930-601

目录

CONTENTS

卷一 集醒

　　食中山之酒^①，一醉千日。今世之昏昏逐逐，无一日不醉，无一人不醉。趋名者醉于朝，趋利者醉于野，豪者醉于声色车马。而天下竟为昏迷不醒之天下矣！安得一服清凉散，人人解酲^②？集醒第一。

　　倚高才而玩世，背后须防射影之虫；
　　饰厚貌以欺人，面前恐有照胆之镜。

　　怪小人之颠倒豪杰，不知惯颠倒方为小人；
　　惜吾辈之受世折磨，不知惟折磨乃见吾辈。

　　花繁柳密处，拨得开才是手段；
　　风狂雨急时，立得定方见脚根。

　　澹泊之守，须从秾艳场中试来；
　　镇定之操，还向纷纭境上勘过。

　　市恩不如报德之为厚，
　　要誉不如逃名之为适，

---

① 中山之酒：据晋干宝《搜神记》载，中山人狄希善酿酒，能造"一醉千日之酒"。
② 酲（chéng）：醉酒不清醒。

矫情不如直节之为真。

使人有面前之誉，不若使人无背后之毁；
使人有乍交之欢，不若使人无久处之厌。

攻人之恶毋太严，要思其堪受；
教人以善毋过高，当原其可从。

不近人情，举世皆畏途；
不察物情，一生俱梦境。

遇沉沉不语之士，切莫输心；
见悻悻自好之徒，应须防口。

结缨整冠之态，勿以施之焦头烂额之时；
绳趋尺步之规，勿以用之救死扶危之日。

议事者身在事外，宜悉利害之情；
任事者身居事中，当忘利害之虑。

俭，美德也，过则为悭吝，为鄙啬，反伤雅道；
让，懿行也，过则为足恭，为曲谦，多出机心。

藏巧于拙，用晦而明；
寓清于浊，以屈为伸。

彼无望德，此无示恩，穷交所以能长；
望不胜奢，欲不胜餍，利交所以必忤。

怨因德彰，故使人德我，不若德怨之两忘；
仇因恩立，故使人知恩，不若恩仇之俱泯。

天薄我福，吾厚吾德以迓①之；
天劳我形，吾逸吾心以补之；
天阨我遇，吾亨吾道以通之。

澹泊之士，必为秾艳者所疑；
检饰之人，必为放肆者所忌。

事穷势蹙之人，当原其初心；
功成行满之士，要观其末路。

好丑心太明，则物不契；
贤愚心太明，则人不亲。
须是内精明，而外浑厚，
使好丑两得其平，贤愚共受其益，
才是生成的德量。

好辩以招尤，不若讱默②以怡性；
广交以延誉，不若索居以自全；
厚费以多营，不若省事以守俭；
逞能以受妒，不若韬精以示拙。

费千金而结纳贤豪，孰若倾半瓢之粟以济饥饿；
构千楹而招徕宾客，孰若葺数椽之茅以庇孤寒。

---

① 迓（yà）：迎接。
② 讱默：指言语谨慎，不说或少说话。

恩不论多寡，当厄的壶浆，得死力之酬^①；
怨不在浅深，伤心的杯羹，召亡国之祸^②。

仕途须赫奕^③，常思林下的风味，则权势之念自轻；
世途须纷华，常思泉下的光景，则利欲之心自淡。

居盈满者，如水之将溢未溢，切忌再加一滴；
处危急者，如木之将折未折，切忌再加一搦。

了心自了事，犹根拔而草不生；
逃世不逃名，似膻存而蚋^④还集。

情最难久，故多情人必至寡情；
性自有常，故任性人终不失性。

才子安心草舍者，足登玉堂；
佳人适意蓬门者，堪贮金屋。

喜传语者，不可与语。
好议事者，不可图事。

甘人之语，多不论其是非；
激人之语，多不顾其利害。

---

① "当厄"句：据《左传·宣公二年》载，灵辄多日未食，赵盾打猎经过给食。后晋灵公欲杀赵盾，时灵辄任晋灵公甲士，救之。
② "伤心"句：据《左传·宣公四年》载，郑灵公得楚人所献鼋，烹之，召大夫及公子宋，独不给公子宋食。公子宋大怒，以手蘸而尝之，郑灵公亦大怒。后公子宋反，杀郑灵公。
③ 赫奕：形容光辉显赫。
④ 蚋（ruì）：一种昆虫，专吸人畜血液。

真廉无廉名，立名者所以为贪；
大巧无巧术，用术者所以为拙。

为恶而畏人知，恶中犹有善念；
为善而急人知，善处即是恶根。

谈山林之乐者，未必真得山林之趣；
厌名利之谈者，未必尽忘名利之情。

从冷视热，然后知热处之奔驰无益；
从冗入闲，然后觉闲中之滋味最长。

贫士肯济人，才是性天中惠泽；
闹场能笃学，方为心地上工夫。

伏久者，飞必高；开先者，谢独早。

贪得者，身富而心贫；
知足者，身贫而心富；
居高者，形逸而神劳；
处下者，形劳而神逸。

局量宽大，即住三家村①里，光景不拘；
智识卑微，纵居五都市②中，神情亦促。

---

① 三家村：苏轼《用旧韵送鲁远翰知洛州》："永谢十年旧，老死三家村。"指偏
僻的小村落。
② 五都市：指繁华喧闹的都市。

惜寸阴者，乃有凌铄千古之志；
怜微才者，乃有驰驱豪杰之心。

天欲祸人，必先以微福骄之，要看他会受；
天欲福人，必先以微祸儆之，要看他会救。

书画受俗子品题，三生大劫；
鼎彝①与市人赏鉴，千古异冤。

脱颖之才，处囊而后见；
绝尘之足，历块以方知。

结想奢华，则所见转多冷淡；
实心清素，则所涉都厌尘氛。

多情者，不可与定妍媸②；
多谊者，不可与定取与；
多气者，不可与定雌雄；
多兴者，不可与定去住。

世人破绽处，多从周旋处见；
指摘处，多从爱护处见；
艰难处，多从贪恋处见。

凡情留不尽之意，则味深；
凡兴留不尽之意，则趣多。

---

① 鼎彝：古代祭器，其上多刻功名事迹。
② 妍媸（yán chī）：妍，美也；媸，丑也。

待富贵人，不难有礼，而难有体；
待贫贱人，不难有恩，而难有礼。

山栖是胜事，稍一萦恋，则亦市朝；
书画赏鉴是雅事，稍一贪痴，则亦商贾；
诗酒是乐事，稍一徇人，则亦地狱；
好客是豁达事，稍一为俗子所挠，则亦苦海。

多读两句书，少说一句话；
读得两行书，说得几句话。

看中人，在大处不走作；
看豪杰，在小处不渗漏。

留七分正经，以度生；
留三分痴呆，以防死。

轻财足以聚人，律己足以服人；
量宽足以得人，身先足以率人。

从极迷处识迷，则到处醒；
将难放怀一放，则万境宽。

大事难事看担当，
逆境顺境看襟度；
临喜临怒看涵养，
群行群止看识见。

安详是处事第一法，谦退是保身第一法。
涵容是处人第一法，洒脱是养心第一法。

处事最当熟思缓处：
熟思则得其情，缓处则得其当。

必能忍人不能忍之触忤，
斯能为人不能为之事功。

轻与必滥取，易信必易疑。

积丘山之善，尚未为君子；
贪丝毫之利，便陷于小人。

智者不与命斗，不与法斗，不与理斗，不与势斗。

良心在夜气清明之候，真情在箪食豆羹之间。
故以我索人，不如使人自反；
以我攻人，不如使人自露。

侠之一字，昔以之加义气，
今以之加挥霍，只在气魄气骨之分。

不耕而食，不织而衣，
摇唇鼓舌，妄生是非，
故知无事人好生事。

才人经世，能人取世；
晓人逢世，名人垂世；
高人玩世，达人出世。

宁为随世之庸愚，勿为欺世之豪杰。

沾泥带水之累，病根在一恋字；
随方逐圆之妙，便宜在一耐字。

天下无不好谀之人，故謟^①之术不穷；
世间尽善毁之辈，故谗之路难塞。

进善言，受善言，如两来船，则相接耳。

清福上帝所吝，而习忙可以销福；
清名上帝所忌，而得谤可以销名。

造谤者甚忙，受谤者甚闲。

蒲柳之姿，望秋而零；
松柏之质，经霜弥茂。

人之嗜名节，嗜文章，嗜游侠，如好酒然，
易动客气^②，当以德性消之。

好谈闺阃^③及好讥讽者，必为鬼神所忌，
非有奇祸，必有奇穷。

神人之言微，圣人之言简，
贤人之言明，众人之言多，小人言妄。

---

① 謟（tāo）：隐瞒，欺骗。
② 客气：宋儒以心为性之根本，将发乎血气的生理之性称为客气。
③ 阃（kǔn）：门槛，门限。

士君子不能陶镕人，毕竟学问中工力未透。

有一言而伤天地之和，
一事而折终身之福者，切须检点。

能受善言，如市人求利，
寸积铢累，自成富翁。

金帛多，只是博得垂死时子孙眼泪少，
不知其他，知有争而已；
金帛少，只是博得垂死时子孙眼泪多，
不知其他，知有哀而已。

景不和，无以破昏蒙之气；
地不和，无以壮光华之色。

一念之善，吉神随之；
一念之恶，厉鬼随之；
知此可以役使鬼神。

出一个丧元气进士，不若出一个积阴德平民。

眉睫才交，梦里便不能张主；
眼光落地，泉下又安得分明。

佛只是个了，仙也是个了，圣人了了不知了。
不知了了是了了，若知了了便不了。

万事不如杯在手，一年几见月当头。

忧疑杯底弓蛇，双眉且展；
得失梦中蕉鹿①，两脚空忙。

名茶美酒自有真味。
好事者投香物佐之，反以为佳，
此与高人韵士误堕尘网中何异?

花棚石磴，小坐微醺。
歌欲独，尤欲细；
茗欲频，尤欲苦。

善默即是能语，用晦即是处明；
混俗即是藏身，安心即是适境。

虽无泉石膏盲，烟霞痼疾②；
要识山中宰相，天际真人③。

气收自觉怒平，神敛自觉言简；
容人自觉味和，守静自觉天宁。

处事不可不斩截，存心不可不宽舒；
持己不可不严明，与人不可不和气。

居不必无恶邻，会不必无损友，
惟在自持者两得之。

---

① 梦中蕉鹿：据《列子·周穆王》载，有一郑人采薪，偶击一骇鹿，藏之，后忘骇鹿所藏之地，遂以为梦。
② "泉石"句：指嗜好泉石烟霞，已成痴癖，就像病入膏肓一样。
③ "山中"句：指隐逸山林和修仙得道之人。

要知自家是君子小人，只须五更头检点，
思想的是什么便得。

以理听言，则中有主；
以道窒欲，则心自清。

先淡后浓，先疏后亲，
先远后近，交友道也。

苦恼世上，意气须温；
嗜欲场中，肝肠欲冷。

形骸非亲，何况形骸外之长物；
大地亦幻，何况大地内之微尘。

人当溷扰^①，则心中之境界何堪；
人遇清宁，则眼前之气象自别。

寂而常惺，寂寂之境不扰；
惺而常寂，惺惺之念不驰。

童子智少，愈少而愈完；
成人智多，愈多而愈散。

无事便思有闲杂念头否，有事便思有粗浮意气否；
得意便思有骄矜辞色否，失意便思有怨望情怀否。
时时检点得到，从多入少。
从有入无，才是学问的真消息。

---

① 溷（hùn）扰：打扰，烦扰。

笔之用以月计，墨之用以岁计，砚之用以世计。

笔最锐，墨次之，砚钝者也。

岂非钝者寿而锐者夭耶？

笔最动，墨次之，砚静者也。

岂非静者寿而动者夭乎？

于是得养生焉。

以钝为体，以静为用，唯其然是以能永年。

贫贱之人，一无所有，及临命终时，脱一厌字；

富贵之人，无所不有，及临命终时，带一恋字。

脱一厌字，如释重负；

带一恋字，如担枷锁。

透得名利关，方是小休歇；

透得生死关，方是大休歇。

人欲求道，须于功名上闹一闹方心死，此是真实语。

病至，然后知无病之快；

事来，然后知无事之乐。

故御病不如却病，完事不如省事。

讳贫者死于贫，胜心使之也；

讳病者死于病，畏心蔽之也；

讳愚者死于愚，痴心覆之也。

古之人，如陈玉石于市肆，瑕瑜不掩；

今之人，如货古玩于时贾，真伪难知。

士人夫损德处，多由立名心太急。

多躁者，必无沉潜之识；
多畏者，必无卓越之见；
多欲者，必无慷慨之节；
多言者，必无笃实之心；
多勇者，必无文学之雅。

剖去胸中荆棘，以便人我往来，
是天下第一快活世界。

古来大圣大贤，寸针相对；
世上闲言闲语，一笔勾销。

挥洒以怡情，与其应酬，何如兀坐；
书礼以达情，与其工巧，何若直陈；
棋局以适情，与其竞胜，何若促膝；
笑谈以治情，与其谑浪，何若狂歌。

拙之一字，免了无千罪过；
闲之一字，讨了无万便宜。

班竹半帘，惟我道心清似水；
黄粱一梦，任他世事冷如冰。
欲住世出世，须知机息机。

书画为柔翰 ①，故开卷张册，贵于从容；
文酒为欢场，故对酒论文，忌于寂寞。

---

① 柔翰：指毛笔。

荣利造化，特以戏人，一毫着意，便属桎梏。

士人不当以世事分读书，当以读书通世事。

天下之事，利害常相半；
有全利而无小害者，惟书。

意在笔先，向庖羲①细参易画；
慧生牙后，恍颜氏②冷坐书斋。

明识红楼为无冢之邱垄，迷来认作舍生岩；
真知舞衣为暗动之兵戈，快去暂同试剑石。

调性之法，须当似养花天；
居才之法，切莫如妒花雨。

事忌脱空，人怕落套。

烟云堆里浪荡子，逐日称仙；
歌舞丛中淫欲身，几时得度？

山穷鸟道，纵藏花谷少流莺；
路曲羊肠，虽覆柳荫难放马。

能于热地思冷，则一世不受凄凉；
能于淡处求浓，则终身不落枯槁。

---

① 庖羲：伏羲，中国古代传说中的三皇之一。
② 颜氏：颜回，孔门七十二贤之首。

会心之语，当以不解解之；

无稽之言，是在不听听耳。

佳思忽来，书能下酒；

侠情一往，云可赠人。

蔼然可亲，乃自溢之冲和，妆不出温柔软款；

翘然难下，乃生成之倨傲，假不得逊顺从容。

风流得意，则才鬼独胜顽仙；

孽债为烦，则芳魂毒于虐祟。

极难处是书生落魄，最可怜是浪子白头。

世路如冥，青天障蚩尤之雾^①；

人情如梦，白日蔽巫女之云。

密交，定有夙缘，非以鸡犬盟也；

中断，知其缘尽，宁关蔂菲^②间之。

堤防不筑，尚难支移壑之虞；

操存不严，岂能塞横流之性。

发端无绪，归结还自支离；

入门一差，进步终成恍惚。

---

① 蚩尤之雾：蚩尤与黄帝战于涿鹿之野，施法造雾，不辨方向，黄帝遂造指南车破之。

② 蔂菲：即"蔂斐"，花纹错杂貌。

打浑随时之妙法，休嫌终日昏昏；

精明当事之祸机，却恨一生了了。

藏不得是拙，露不得是丑。

形同隽石，致胜冷云，决非凡士；

语学娇莺，态摹媚柳，定是弄臣。

开口辄生雌黄月旦①之言，吾恐微言将绝；

捉笔便惊缤纷绮丽之饰，当是妙处不传。

风波肆险，以虚舟震撼，浪静风恬；

矛盾相残，以柔指解分，兵销戈倒。

豪杰向简淡中求，神仙从忠孝上起。

人不得道，生死老病四字关，谁能透过；

独美人名将，老病之状尤为可怜。

日月如惊丸，可谓浮生矣，惟静卧是小延年；

人事如飞尘，可谓劳攘矣，惟静坐是小自在。

平生不作皱眉事，天下应无切齿人。

暗室之一灯，苦海之三老②；

截疑网之宝剑，抉盲眼之金针。

---

① 雌黄月旦：雌黄是一种矿物名，古人常用来涂改文字。月旦又叫月旦评，典出东汉许劭，因与从兄靖好品评人物，每月更改品题，故有"月旦评"一说。意思是不据事实，妄自篡改，妄下评论。

② 三老：柁工，本为船上掌舵之人，这里指度化世人脱离苦海的得道之人。

攻取之情化，鱼鸟亦来相亲；
悖戾之气销，世途不见可畏。

吉人安祥，即梦寐神魂，无非和气；
凶人狠戾，即声音笑语，浑是杀机。

天下无难处之事，只要两个如之何[①]；
天下无难处之人，只要三个必自反[②]。

能脱俗便是奇，不合污便是清。
处巧若拙，处明若晦，处动若静。

参玄借以见性，谈道借以修真。

世人皆醒时作浊事，安得睡时有清身；
若欲睡时得清身，须于醒时有清意。

好读书非求身后之名，但异见异闻，心之所愿。
是以孜孜搜讨，欲罢不能，岂为声名劳七尺也。

一间屋，六尺地，虽没庄严，却也精致；
蒲作团，衣作被，日里可坐，夜间可睡；
灯一盏，香一炷，石磬数声，木鱼几击；
龛常关，门常闭，好人放来，恶人回避；
发不除，荤不忌，道人心肠，儒者服制；
不贪名，不图利，了清静缘，作解脱计；

---

① 两个如之何：典出《论语·卫灵公》："子曰：不曰'如之何，如之何'者，吾末如之何也已矣。"意思是遇事多问自己几个怎么办。
② 三个必自反：典出《孟子·离娄下》，其大意是指君子应该多反躬自省。

无挂碍，无拘系，闲便入来，忙便出去；
省闲非，省闲气，也不游方，也不避世；
在家出家，在世出世，佛何人，佛何处？
此即上乘，此即三昧。
日复日，岁复岁，毕我这生，任他后裔。

草色花香，游人赏其真趣；
桃开梅谢，达士悟其无常。

招客留宾，为欢可喜，未断尘世之扳援^①；
浇花种树，嗜好虽清，亦是道人之魔障。

人常想病时，则尘心便减；
人常想死时，则道念自生。

入道场而随喜，则修行之念勃兴；
登邱墓^②而徘徊，则名利之心顿尽。

铄金玷玉，从来不乏乎谗人；
洗垢索瘢^③，尤好求多于佳士。
止作秋风过耳，何妨尺雾障天。

真放肆不在饮酒高歌，假矜持偏于大庭卖弄；
看明世事透，自然不重功名；
认得当下真，是以常寻乐地。

---

① 扳（pān）援：依附，攀附。
② 邱墓：即坟墓。
③ 洗垢索瘢：洗掉污垢寻找疤痕，比喻想尽一切办法来挑剔别人的缺点。

富贵功名，荣枯得丧，人间惊见白头；
风花雪月，诗酒琴书，世外喜逢青眼。

欲不除，似蛾扑灯，焚身乃止；
贪无了，如猩嗜酒，鞭血方休①。

涉江湖者，然后知波涛之汹涌；
登山岳者，然后知蹊径之崎岖。

人生待足何时足；未老得闲始是闲。

谈空反被空迷，耽静多为静缚。

旧无陶令酒巾，新撇张颠书草；
何妨与世昏昏，只问君心了了。

以书史为园林，以歌咏为鼓吹；
以理义为膏粱，以著述为文绣；
以诵读为菑畲②，以记问为居积；
以前言往行为师友，以忠信笃敬为修持；
以作善降祥为因果，以乐天知命为西方。

云烟影里见真身，始悟形骸为桎梏；
禽鸟声中闻自性，方知情识是戈矛。

事理因人言而悟者，有悟还有迷，总不如自悟之了了；

---

① "贪无了"句：典出《贤奕编·警喻》，明代文学家刘元卿所撰，寓言讲述一猩猩因贪酒而殒命。
② 菑畲（zī shē）：耕耘，此处指事物之根本。

意兴从外境而得者，有得还有失，总不如自得之休休。

白日欺人，难逃清夜之愧赧；
红颜失志，空遗皓首之悲伤。

定云止水中，有鸢飞鱼跃的景象；
风狂雨骤处，有波恬浪静的风光。

平地坦途，车岂无蹶；
巨浪洪涛，舟亦可渡；
料无事必有事，恐有事必无事。

富贵之家，常有穷亲戚来往，便是忠厚。

朝市山林俱有事，今人忙处古人闲。

人生有书可读，有暇得读，有资能读，
又涵养之，如不识字人，是谓善读书者。
享世间清福，未有过于此也。

世上人事无穷，越干越做不了；
我辈光阴有限，越闲越见清高。

两刃相迎俱伤，两强相敌俱败。

我不害人，人不我害；
人之害我，由我害人。

商贾不可与言义，彼溺于利；
农工不可与言学，彼偏于业；

俗儒不可与言道，彼谬于词。

博览广识见，寡交少是非。

明霞可爱，瞬眼而辄空；
流水堪听，过耳而不恋。
人能以明霞视美色，则业障自轻；
人能以流水听弦歌，则性灵何害？

休怨我不如人，不如我者常众；
休夸我能胜人，胜如我者更多。

人心好胜，我以胜应必败；
人情好谦，我以谦处反胜。

人言天不禁人富贵，而禁人清闲，
人自不闲耳。若能随遇而安，
不图将来，不追既往，不蔽目前，何不清闲之有？

暗室贞邪谁见，忽而万口喧传；
自心善恶炯然，凛于四王^①考校。

寒山^②诗云：
　"有人来骂我，分明了了知。
虽然不应对，却是得便宜。"
此言宜深玩味。

---

① 四王：指佛教中护佑东、南、西、北的四大天王。
② 寒山：唐代白话诗人，名僧。

恩爱吾之仇也，富贵身之累也。

冯骥[①]之铗，弹老无鱼；
荆轲之筑，击来有泪。

以患难心居安乐，以贫贱心居富贵，则无往不泰矣；
以渊谷视康庄，以疾病视强健，则无往不安矣。

有誉于前，不若无毁于后；
有乐于身，不若无忧于心。

富时不俭贫时悔，潜时不学用时悔；
醉后狂言醒时悔，安不将息病时悔。

寒灰内，半星之活火；
浊流中，一线之清泉。

攻玉于石，石尽而玉出；
淘金于沙，沙尽而金露。

乍交不可倾倒，倾倒则交不终；
久与不可隐匿，隐匿则心必险。

丹之所藏者赤，墨之所藏者黑。

懒可卧，不可风；
静可坐，不可思；
闷可对，不可独；

---

① 冯骥：即冯谖，孟尝君门客。

劳可酒，不可食；
醉可睡，不可淫。

书生薄命原同妾，丞相怜才不论官。

少年灵慧，知抱夙根；
今生冥顽，可卜来世。

拨开世上尘氛，胸中自无火炎冰兢；
消却心中鄙吝，眼前时有月到风来。

尘缘割断，烦恼从何处安身？
世虑潜消，清虚向此中立脚。

市争利，朝争名，盖棺日何物可殉蒿里①？
春赏花，秋赏月，荷锸②时此身常醉蓬莱。

驷马难追，吾欲三缄其口；
隙驹易过，人当寸惜乎阴。

万分廉洁，止是小善；
一点贪污，便为大恶。

炫奇之疾，医以平易；
英发之疾，医以深沉；
阔大之疾，医以充实。

---

① 蒿里：山名，坐落于泰山之南，埋葬逝者之地。
② 荷锸（chā）：铁锹。典出《晋书·刘伶传》，言刘伶"常乘鹿车，携一壶酒，使人荷锸而随之。谓曰：'死便埋我'"。

才舒放即当收敛，才言语便思简默。

贫不足羞，可羞是贫而无志；
贱不足恶，可恶是贱而无能；
老不足叹，可叹是老而虚生；
死不足悲，可悲是死而无补。

身要严重，意要闲定；
色要温雅，气要和平；
语要简徐，心要光明；
量要阔大，志要果毅；
机要缜密，事要妥当。

富贵家宜学宽，聪明人宜学厚。

休委罪于气化，一切责之人事；
休过望于世间，一切求之我身。

世人白昼寐语，苟能寐中作白昼语，
可谓常惺惺矣。

观世态之极幻，则浮云转有常情；
咀世味之昏空，则流水翻多浓旨。

大凡聪明之人，极是误事。何以故？
惟其聪明生意见，意见一生，便不忍舍割。
往往溺于爱河欲海者，皆极聪明之人。

是非不到钓鱼处，荣辱常随骑马人。

名心未化，对妻孥^①亦自矜庄；
隐衷释然，即梦寐皆成清楚。

观苏季子^②以贫穷得志，则负郭二顷田，误人实多；
观苏季子以功名杀身，则武安六国印，害人不浅。

名利场中，难容伶俐；
生死路上，正要糊涂。

一杯酒留万世名，不如生前一杯酒，
身行乐耳，遑恤^③其他；
百年人做千年调，至今谁是百年人，
一棺戢^④身，万事都已。

郊野非葬人之处，楼台是为邱墓；
边塞非杀人之场，歌舞是为刀兵。
试观罗绮纷纷，何异旌旗密密；
听管弦冗冗，何异松柏萧萧。
葬王侯之骨，能消几处楼台？
落壮士之头，经得几番歌舞？
达者统为一观，愚人指为两地。

节义傲青云，文章高白雪。

---

① 妻孥：妻子和儿女。
② 苏季子：即苏秦。战国时纵横家，主张合纵抗秦，盛极时佩六国相印，后于齐国遭车裂而亡。他曾在一次衣锦还乡时感慨："且使我有洛阳负郭田二顷，吾岂能佩六国相印乎？"
③ 遑恤：无法顾及。
④ 戢（jí）：收藏，收敛。

若不以德性陶镕之，终为血气之私，技能之末。

我有功于人不可念，而过则不可不念；
人有恩于我不可忘，而怨则不可不忘。

径路窄处，留一步与人行；
滋味浓时，减三分让人嗜。
此是涉世一极安乐法。

己情不可纵，当用逆之法制之，其道在一忍字；
人情不可拂，当用顺之法制之，其道在一恕字。

昨日之非不可留，
留之则根烬复萌，而尘情终累乎理趣；
今日之是不可执，
执之则渣滓未化，而理趣反转为欲根。

文章不疗山水癖，身心每被野云羁。

卷二 集情

　　语云：当为情死，不当为情怨。明乎情者，原可死而不可怨者也。虽然，既云情矣，此身已为情有，又何忍死耶？然不死终不透彻耳。韩翃之柳，崔护之花，汉宫之流叶，蜀女之飘梧，令后世有情之人咨嗟想慕，托之语言，寄之歌咏；而奴无昆仑，客无黄衫，知己无押衙，同志无虞候，则虽盟在海棠，终是陌路萧郎耳。集情第二。

　　　　　家胜阳台，为欢非梦。人惭萧史，相偶成仙。
　　　　　轻扇初开，忻看笑靥。长眉始画，愁对离妆。
　　　　　广摄金屏，莫令愁拥。恒开锦幔，速望人归。
　　　　　镜台新去，应余落粉。熏炉未徙，定有余烟。
　　　　　泪滴芳衾，锦花长湿。愁随玉轸^①，琴鹤恒警。
　　　　　锦水丹鳞^②，素书稀远。玉山青鸟，仙使难通。
　　　　　彩笔试操，香笺遂满。行云可托，梦想还劳。
　　　　　九重千日，讵想倡家。单枕一宵，便如浪子。
　　　　　当令照影双来，一鸾羞镜；
　　　　　勿使推窗独坐，嫦娥笑人。

　　　　　几条杨柳，沾来多少啼痕；

---

① 玉轸：玉制琴柱，亦代指琴。
② 锦水丹鳞：喻指书信或送书信之人。

三叠阳关，唱彻古今离恨。

世无花月美人，不愿生此世界。

荀令君^①至人家，坐处常香三日。

罄南山之竹，写意无穷；
决东海之波，流情不尽；
愁如云而长聚，泪若水以难干。

弄绿绮之琴，焉得文君之听；
濡彩毫之笔，难描京兆之眉；
瞻云望月，无非凄怆之声；
弄柳拈花，尽是销魂之处。

悲火常烧心曲，愁云频压眉尖。

五更三四点，点点生愁；
一日十二时，时时寄恨。

燕约莺期，变作鸾悲凤泣；
蜂媒蝶使，翻成绿惨红愁。

花柳深藏淑女居，何殊三千弱水；
雨云不入襄王梦，空忆十二巫山。

枕边梦去心亦去，醒后梦还心不还。

---

① 荀令君：即荀彧，曹操麾下重要谋臣，传其仪容甚美，爱熏香。

万里关河，鸿雁来时悲信断；
满腔愁绪，子规啼处忆人归。

千叠云山千叠愁，一天明月一天恨。

豆蔻不消心上恨，丁香空结雨中愁。

月色悬空，皎皎明明，偏自照人孤另；
蛩声泣露，啾啾唧唧，都来助我愁思。

慈悲筏，济人出相思海；
恩爱梯，接人下离恨天。

费长房^①，缩不尽相思地；
女娲氏，补不完离恨天。

孤灯夜雨，空把青年误，
楼外青山无数，
隔不断新愁来路。

黄叶无风自落，秋云不雨长阴。
天若有情天亦老，摇摇幽恨难禁。
惆怅旧人如梦，觉来无处追寻。

蛾眉未赎，谩劳桐叶寄相思；
潮信难通，空向桃花寻往迹。

野花艳目，不必牡丹；

---

① 费长房：东汉术士，传其师承壶公，擅缩地术，后因丢失神符，被众鬼所杀。

村酒酣人，何须绿蚁^①。

琴罢辄举酒，酒罢辄吟诗；
三友递相引，循环无已时。

阮籍^②邻家少妇有美色，
当垆沽酒，籍尝诣饮，醉便卧其侧。

隔帘闻堕钗声而不动念者，
此人不痴则慧，我幸在不痴不慧中。

桃叶题情，柳丝牵恨。
胡天胡帝^③，登徒于焉怡目；
为云为雨，宋玉^④因而荡心。
轻泉刀若土壤，居然翠袖之朱家；
重然诺如邱山，不忝红妆之季布^⑤。

蝴蝶长悬孤枕梦，凤凰不上断弦鸣。

吴妖小玉^⑥飞作烟，越艳西施化为土。

妙唱非关舌，多情岂在腰？

---

① 绿蚁：新酿的酒尚未滤清，表面浮起的酒渣，因颜色微绿，状如蚁，故称。这里代指佳酿。
② 阮籍：三国时魏国诗人，"竹林七贤"之一。
③ 胡天胡帝：《诗经·鄘风·君子偕老》："胡然而天也！胡然而帝也！"赞叹女子美若天仙。
④ 宋玉：战国时宋国公子，古代"四大美男"之一，善辞赋。
⑤ 季布：汉初大臣，以侠闻名。楚地胜传"得黄金百斤，不如得季布一诺"，成语"一诺千金"即源于此人。
⑥ 小玉：传说乃吴王夫差小女名，又名紫玉，后来多指多情或早夭的少女。

孤鸣翱翔以不去，浮云黯靅①而荏苒。

楚王宫里，无不推其细腰；
魏国佳人，俱言讶其纤手。

传鼓瑟于杨家，得吹萧于秦女②。

春草碧色，春水绿波。
送君南浦，伤如之何？

玉树以珊瑚作枝，珠帘以玳瑁为柙。

东邻巧笑，来侍寝于更衣；
西子微矉，将横陈于甲帐。

骋纤腰于结风，奏新声于度曲；
妆鸣蝉之薄鬓，照堕马之垂鬟。
金星与婺女争华，麝月共嫦娥竞爽。
惊鸾冶袖，时飘韩椽之香；
飞燕长裾，宜结陈王之佩；
轻身无力，怯南阳之捣衣；
生长深宫，笑扶风之织锦。

青牛帐里，余曲既终，
朱鸟窗前，新妆已竟。

---

① 黯靅（duì）：云黑貌。
② 杨家：指西汉杨恽，他在《报孙会宗书》里称赞其妻"雅善鼓瑟"。秦女：指秦穆公之女弄玉，喜音律，传其吹笙引凤来。

山河绵邈，粉黛若新。
椒华承彩，竟虚待月之帘；
葵骨埋香，谁作双鸾之雾。

蜀纸麝媒[1] 添笔媚，越瓯犀液[2] 发茶香；
风飘乱点更筹转，拍送繁弦曲破长。

教移兰烬频羞影，自试香汤更怕深。
初似染花难抑按，终忧沃雪不胜任。
岂知侍女帘帏外，剩取君玉数饼金。

静中楼阁春深雨，远处帘拢半夜灯。

绿屏无睡秋分簟，红叶伤时月午楼。

但觉夜深花有露，不知人静月当楼；
何郎烛暗谁能咏，韩寿香薰亦任偷。

阆苑有书多附鹤，女墙无树不栖鸾；
星沉海底当窗见，雨过河源隔座看。

风阶拾叶，山人茶灶劳薪；
月迳聚花，素士吟坛绮席。

当场笑语，尽如形骸外之好人；

---

① 麝媒：又叫麝墨，一种含麝香的墨，后泛指名贵的香墨。
② 犀液：通称桂花或木樨，可做香料。李时珍《本草纲目·木部·箇桂》："丛生岩林间，谓之岩桂，俗呼为木犀。"

背地风波，谁是意气中之烈士。

山翠扑帘，卷不起青葱一片；
树阴流径，扫不开芳影几层。

珠帘蔽月，翻窥窈窕之花；
绮幔藏云，恐碍扶疏之柳。

幽堂昼深，清风忽来好伴；
虚窗夜朗，明月不减故人。

多恨赋花，风瓣乱侵笔墨；
含情问柳，雨丝牵惹衣裾。

亭前杨柳，送尽到处游人；
山下蘼芜，知是何时归路。

天涯浩渺，风飘四海之魂；
尘土流离，灰染半生之劫。

蝶憩香风，尚多芳梦；
鸟沾红雨，不任娇啼。

幽情化而石立，怨风结而冢青；
千古空闺之感，顿令薄幸惊魂。

一片秋山，能疗病客；
半声春鸟，偏唤愁人。

李太白酒圣，蔡文姬书仙，

置之一时，绝妙佳偶。

华堂今日绮筵开，谁唤分司御史来；
忽发狂言惊满座，两行红粉一时回。

缘之所寄，一往而深。
故人恩重，来燕子于雕梁；
逸士情深，托凫雏于春水。
好梦难通，吹散巫山云气；
仙缘未合，空探游女珠光。

桃花水泛，晓妆宫里腻胭脂；
杨柳风多，堕马结中摇翡翠。

对妆则色殊，比兰则香越；
泛明彩于宵波，飞澄华于晓月。

纷弱叶而凝照，竞新藻而抽英。

手巾还欲燥，愁眉即使开；
逆想行人至，迎前含笑来。

逶迤洞房，半入宵梦；
窈窕闲馆，方增客愁。

悬媚子于搔头，拭钗梁于粉絮。

临风弄笛，栏杆上桂影一轮；
扫雪烹茶，篱落边梅花数点。

银烛轻弹，红妆笑倚，人堪惜情更堪惜；
困雨花心，垂阴柳耳，客堪怜春亦堪怜。

肝胆谁怜，形影自为管鲍①；
唇齿相济，天涯孰是穷交。
兴言及此，辄欲再广绝交之论，
重作署门之句。

燕市之醉泣，楚帐之悲歌，
岐路之涕零，穷途之恸哭。
每一退念及此，虽在千载以后，
亦感慨而兴嗟。

陌上繁华，两岸春风轻柳絮；
闺中寂寞，一窗夜雨瘦梨花。
芳草归迟，青骢②别易；
多情成恋，薄命何嗟？
要亦人各有心，非关女德善怨。

山水花月之际，看美人更觉多韵。
非美人借韵于山水花月也，
山水花月直借美人生韵耳。

深花枝，浅花枝，深浅花枝相间时，花枝难似伊；
巫山高，巫山低，暮雨潇潇郎不归，空房独守时。

青娥皓齿别吴倡，梅粉妆成半额黄；

---

① 管鲍：即管仲和鲍叔牙，典出《史记·管晏列传》，常用来比喻情深谊厚。
② 青骢：本指毛色青白相杂的骏马，此处喻指青年才俊。

罗屏绣幔围寒玉，帐里吹笙学凤凰。

初弹如珠后如缕，一声两声落花雨；
诉尽平生云水心，尽是春花秋月语。

春娇满眼睡红绡，掠削云鬟旋妆束；
飞上九天歌一声，二十五郎吹管篴[1]。

琵琶新曲，无待石崇；
箜篌杂引，非因曹植。

休文腰瘦，羞惊罗带之频宽；
贾女容销，懒照蛾眉之常锁。[2]

琉璃砚匣，终日随身；
翡翠笔床，无时离手。

清文满箧，非惟芍药之花；
新制连篇，宁止葡萄之树。

西蜀豪家，讬情穷于鲁殿；
东台甲馆，流咏止于洞箫。

醉把杯酒，可以吞江南吴越之清风；
拂剑长啸，可以吸燕赵秦陇之劲气。

林花翻洒，乍飘飏于兰皋；

---

① 篴（dí）：古同"笛"。
② 休文：即沈约，南朝史学家、文学家。贾女：即贾充之女，韩寿之妻。

山禽嘹响，时弄声于乔木。

长将姊妹丛中避，多爱湖山僻处行。

未知枕上曾逢女，可认眉尖与画郎。

蘋风未冷催鸳别，沉檀合子留双结；
千缕愁丝只数围，一片香痕才半节。

那忍重看娃鬓绿，终期一遇客衫黄。

金钱赐侍儿，暗嘱教休话。

薄雾几层推月出，好山无数渡江来；
轮将秋动虫先觉，换得更深鸟越催。

花飞帘外凭笺讯，雨到窗前滴梦寒。

樯标远汉，昔时鲁氏之戈；
帆影寒沙，此夜姜家之被。

填愁不满吴娃井，剪纸空题蜀女祠。

良缘易合，红叶亦可为媒；
知己难投，白璧未能获主。

填平湘岸都栽竹，截住巫山不放云。

鸭为怜香死，鸳因泥睡痴。

红印山痕春色微，珊瑚枕上见花飞；
烟鬟潦乱香云湿，疑向襄王梦里归。

零乱如珠为点妆，素辉乘月湿衣裳；
只愁天酒倾如斗，醉却环姿傍玉床。

有魂落红叶，无骨锁青鬟。

书题蜀纸愁难浣，雨歇巴山话亦陈。

盈盈相隔愁追随，谁为解语来香帷。

斜看两鬟垂，俨似行云嫁。

欲与梅花斗宝妆，先开娇艳逼寒香；
只愁冰骨藏珠屋，不似红衣待玉郎。

从教弄酒春衫浣，别有风流上眼波。

听风声以兴思，闻鹤唳以动怀；
企庄生之逍遥，慕尚子①之清旷。

灯结细花成穗落，泪题愁字带痕红。

无端饮却相思水，不信相思想杀人。

渔舟唱晚，响穷彭蠡之滨；

———————————

① 尚子：即东汉隐士尚长，后多用来代指不为家事所累之人。

雁阵惊寒，声断衡阳之浦。①

爽籁发而清风生，纤歌凝而白云遏。

杏子轻纱初脱暖，梨花深院自多风。

<hr>

① 彭蠡：鄱阳湖旧称。衡阳之浦：湖南衡阳有山，名曰回雁峰，相传雁至此山而不
再南去。

卷三 集峭

今天下皆妇人矣！封疆缩其地，而中庭之歌舞犹喧；战血枯其人，而满座之貂蝉[①]自若。我辈书生，既无诛乱讨贼之柄，而一片报国之忱，惟于寸楮尺字间见之；使天下之须眉而妇人者，亦耸然有起色。集峭第三。

忠孝吾家之宝，经史吾家之田。

闲到白头真是拙，醉逢青眼不知狂。

兴之所到，不妨呕出惊人心，
故不然，也须随场作戏。

放得俗人心下，方可为丈夫；
放得丈夫心下，方名为仙佛；
放得仙佛心下，方名为得道。

吟诗劣于讲书，骂座恶于足恭，
两而揆之，宁为薄行狂夫，不作厚颜君子。

---

① 貂蝉："貂"和"蝉"是古代王公贵族帽子上的两种装饰物，寓意美好，汉代比较流行。后代指达官显贵。

观人题壁，便识文章。

宁为真士夫，不为假道学；
宁为兰摧玉折，不作萧敷艾荣①。

随口利牙，不顾天荒地老；
翻肠倒肚，那管鬼哭神愁。

身世浮名，余以梦蝶视之，断不受肉眼相看。

达人撒手悬崖，俗子沉身苦海。

销骨口中，生出莲花九品；
铄金舌上，容他鹦鹉千言。

少言语以当贵，多著述以当富；
载清名以当车，咀英华以当肉。

竹外窥鸟，树外窥山，峰外窥云，难道我有意无意；
鹤来窥人，月来窥酒，雪来窥书，却看他有情无情。

体裁如何，出月隐山；
情景如何，落日映屿；
气魄如何，收露敛色；
议论如何，回飙拂渚。

有大通必有大塞，无奇遇必无奇穷。

---

① 萧敷艾荣：萧、艾，即艾蒿；敷、荣，即开花。指艾蒿长势茂盛。多用来比喻小
人得志。

雾满杨溪，玄豹山间偕日月；
云飞翰苑，紫龙天外借风雷。

西山霁雪，东岳含烟；
驾凤桥以高飞，登雁塔而远眺。

一失脚为千古恨，再回头是百年人。

居轩冕之中，要有山林的气味；
处林泉之下，常怀廊庙的经纶。

学者有段兢业的心思，又要有段潇洒的趣味。

平民种德施惠，是无位之公卿；
仕夫贪财好货，乃有爵的乞丐。

烦恼场空，身住清凉世界；
营求念绝，心归自在乾坤。

觑破兴衰究竟，人我得失冰消；
阅尽寂寞繁华，豪杰心肠灰冷。

名衲谈禅，必执经升座，便减三分禅理。

穷通之境未遭，主持之局已定；
老病之势未催，生死之关先破。
求之今人，谁堪语此？

一纸八行，不过寒温之句；

鱼腹雁足，空有来往之烦。
是以嵇康不作，严光口传，
豫章掷之水中，陈泰挂之壁上。①

枝头秋叶，将落犹然恋树；
檐前野鸟，除死方得离笼。
人之处世，可怜如此。

士人有百折不回之真心，
才有万变不穷之妙用。

立业建功，事事要从实地着脚；
若少慕声闻，便成伪果。
讲道修德，念念要从虚处立基；
若稍计功效，便落尘情。

执拗者福轻，而圆融之人其禄必厚；
操切者寿夭，而宽厚之士其年必长；
故君子不言命，养性即所以立命；
亦不言天，尽人自可以回天。

才智英敏者，宜以学问摄其躁；
气节激昂者，当以德性融其偏。

苍蝇附骥，捷则捷矣，难辞处后之羞；
茑萝依松，高则高矣，未免仰攀之耻。

---

① 嵇康：三国时魏国思想家、文学家，"竹林七贤"的精神领袖。严光：东汉著名隐士，
和光武帝刘秀曾是同窗。豫章：此处指豫章郡守殷羡，字洪乔，东晋时人，以清谈闻
名当时。陈泰：三国时魏国名将，字玄伯。

所以，君子宁以风霜自挟，毋为鱼鸟亲人。

伺察以为明者，常因明而生暗，故君子以恬养智；
奋迅以求速者，多因速而致迟，故君子以重持轻。

有面前之誉易，无背后之毁难；
有乍交之欢易，无久处之厌难。

宇宙内事，要担当又要善摆脱。
不担当，则无经世之事业；
不摆脱，则无出世之襟期。

待人而留有余不尽之恩，可以维系无厌之人心；
御事而留有余不尽之智，可以堤防不测之事变。

无事如有事时堤防，可以弭意外之变；
有事如无事时镇定，可以销局中之危。

爱是万缘之根，当知割舍；
识是众欲之本，要力扫除。

舌存常见齿亡，刚强终不胜柔弱；
户朽未闻枢蠹，偏执岂及乎圆融。

荣宠旁边辱等待，不必扬扬；
困穷背后福跟随，何须戚戚。[1]

看破有尽身躯，万境之尘缘自息；

---

[1] 戚戚：忧惧貌。

悟入无怀境界，一轮之心月独明。

霜天闻鹤唳，雪夜听鸡鸣，得乾坤清绝之气；
晴空看鸟飞，活水观鱼戏，识宇宙活泼之机。

斜阳树下，闲随老衲清谈；
深雪堂中，戏与骚人白战^①。

山月江烟，铁笛数声，便成清赏；
天风海涛，扁舟一叶，大是奇观。

秋风闭户，夜雨挑灯，卧读《离骚》泪下；
霁日寻芳，春宵载酒，闲歌《乐府》神怡。

云水中载酒，松篁里煎茶，岂必銮坡侍宴；
山林下著书，花鸟间得句，何须凤沼挥毫。

人生不好古，象鼎牺尊变为瓦缶；
世道不怜才，凤毛麟角化作灰尘。

要做男子，须负刚肠；
欲学古人，当坚苦志。

风尘善病，伏枕处一片青山；
岁月长吟，操觚时千篇《白雪》。

亲兄弟析箸，璧合翻作瓜分；
士大夫爱钱，书香化为铜臭。

———————

① 白战：即白战体，又称禁字体，一种遵守禁例写作的诗，以显示作诗者的笔力。

心为形役，尘世马牛；
身被名牵，樊笼鸡鹜。

懒见俗人，权辞托病；
怕逢尘事，诡迹逃禅。

人不通古今，襟裾马牛；
士不晓廉耻，衣冠狗彘。

道院吹笙，松风袅袅；
空门洗钵，花雨纷纷。

囊无阿堵物①，岂便求人；
盘有水晶盐，犹堪留客。

种两顷负郭田，量晴较雨；
寻几个知心友，弄月嘲风。

着履登山，翠微中独逢老衲；
乘桴浮海，雪浪里群傍闲鸥。

才士不妨泛驾，辕下驹②吾弗愿也；
诤臣岂合模棱，殿上虎③君无尤焉。

---

① 阿堵物：俗称钱财。典出《世说新语·规箴》，六朝王夷甫为人清高，从不言"钱"
字，其妻以铜钱试之，惊曰："快拿开阿堵物。"
② 辕下驹：车辕下的小马，比喻畏缩不敢前行之人。
③ 殿上虎：朝殿上的老虎，比喻敢言直谏之诤臣。

荷钱榆荚，飞来都作青蚨①；
柔玉温香，观想可成白骨。

旅馆题蕉，一路留来魂梦谱；
客途惊雁，半天寄落别离书。

歌儿带烟霞之致，舞女具邱壑之资；
生成世外风姿，不惯尘中物色。

今古文章，只在苏东坡鼻端定优劣；
一时人品，却从阮嗣宗眼内别雌黄。

魑魅满前，笑着阮家《无鬼论》；
炎嚣阅世，愁披刘氏《北风图》。②

气夺山川，色结烟霞。

诗思在灞凌桥上，微吟处，林岫便已浩然；
野趣在镜湖曲边，独往时，山川自相映发。

至音不合众听，故伯牙绝弦；
至宝不同众好，故卞和泣玉。

看文字，须如猛将用兵，直是鏖战一阵；
亦如酷吏治狱，直是推勘到底，决不恕他。

---

① 青蚨（fú）：传说中的一种虫，以其血涂抹钱币，钱币会飞回来。喻指钱财。
② 阮家：指阮瞻，"竹林七贤"之一阮咸之子，写过一篇《无鬼论》，主张世间无有鬼神。
刘氏：指刘褒，东汉时人，曾画《北风图》，十分逼真。

名山乏侣，不解壁上芒鞋；
好景无诗，虚携囊中锦字。

辽水无极，雁山参云；
闺中风暖，陌上草薰。

秋露如珠，秋月如珪；
明月白露，光阴往来；
与子之别，心思徘徊。

声应气求之夫，决不在于寻行数墨之士；
风行水上之文，决不在于一句一字之奇。

借他人之酒杯，浇自己之块垒。①

春至不知湘水深，日暮忘却巴陵道。

奇曲雅乐，所以禁淫也；
锦绣黼黻②，所以御暴也。
缛则太过，是以檀卿刺郑声，周人伤《北里》。
静若清夜之列宿，动若流彗之互奔。
振骏气以摆雷，飞雄光以倒电。

停之如栖鹄，挥之如惊鸿；
飘缨蕤③于轩幌，发晖曜于群龙。

---

① 块垒（kuài lěi）：比喻心中郁积的不平之气。
② 黼黻（fǔ fú）：古代礼服上青黑相间的花纹。
③ 缨蕤：冠上饰物，也代指文人士大夫。

始缘甍而冒栋，终开帘而入隙；
初便娟于墀庑^①，未萦盈于帷席。

云气荫于丛著，金精养于秋菊；
落叶半床，狂花满屋。

雨送添砚之水，竹供扫榻之风。

血三年而藏碧，魂一变而成红。

举黄花而乘月艳，笼黛叶而卷云翘。

垂纶帘外，疑钩势之重悬；
透影窗中，若镜光之开照。

叠轻蕊而矜暖，布重泥而讶湿；
迹似连珠，形如聚粒。

霄光分晓，出虚窦以双飞；
微阴合暝，舞低檐而并入。

任他极有见识，看得假认不得真；
随你极有聪明，卖得巧藏不得拙。

伤心之事，即懦夫亦动怒发；
快心之举，虽愁人亦开笑颜。

论官府不如论帝王，以佐史臣之不逮；

---

① 墀庑（chí wǔ）：墀指台阶上的空地，也代指台阶。庑指堂下周围的走廊和廊屋。

谈闺阃不如谈艳丽，以补风人之见遗。

是技皆可成名天下，唯无技之人最苦；
片技即足自立天下，唯多技之人最劳。

傲骨、侠骨、媚骨，即枯骨可致千金；
冷语、隽语、韵语，即片语亦重九鼎。

议生草莽无轻重，论到家庭无是非。

圣贤不白之衷，托之日月；
天地不平之气，托之风雷。

风流易荡，佯狂易颠。

书载茂先三十乘，便可移家；
囊无子美一文钱，尽堪结客。

有作用者，器宇定是不凡；
有受用者，才情决然不露。

松枝自是幽人笔，竹叶常浮野客杯。

且与少年饮美酒，往来射猎西山头。

瑶草与芳兰而并茂，苍松齐古柏以增龄。

好山当户天呈画，古寺为邻僧报钟。

群鸿戏海，野鹤游天。

卷四　集灵

　　天下有一言之微而千古如新、一字之义而百世如见者，安可泯灭之？故风雷雨露，天之灵；山川名物，地之灵；语言文字，人之灵；毕三才①之用，无非一灵以神其间，而又何可泯灭之？集灵第四。

　　投刺空劳，原非生计；
　　曳裾自屈，岂是交游。

　　事遇快意处当转，言遇快意处当住。

　　俭为贤德，不可着意求贤；
　　贫是美称，只是难居其美。

　　志要高华，趣要淡泊。

　　眼里无点灰尘，方可读书千卷；
　　胸中没些渣滓，才能处世一番。

　　眉上几分愁，且去观棋酌酒；
　　心中多少乐，只来种竹浇花。

---

① 三才：指天、地、人。

茅屋竹窗，贫中之趣，何须脚到李侯门；
草帖画谱，闲里所需，直凭心游扬子宅。①

好香用以熏德，好纸用以垂世，
好笔用以生花，好墨用以焕彩，
好茶用以涤烦，好酒用以消忧。

声色娱情，何若净几明窗，一坐息顷；
利荣驰念，何若名山胜景，一登临时。

竹篱茅舍，石屋花轩；松柏群吟，藤萝翳景；
流水绕户，飞泉挂檐；烟霞欲栖，林壑将暝。
中处野叟山翁四五，予以闲身作此中主人。
坐沉红烛，看遍青山；消我情肠，任他冷眼。

问妇索酿，瓮有新篘②；
呼童煮茶，门临好客。

花前解佩，湖上停桡；弄月放歌，采莲高醉。
晴云微卷，渔笛沧浪；华句③一垂，江山共峙。

胸中有灵丹一粒，方能点化俗情，摆脱世故。

独坐丹房，潇然无事，
烹茶一壶，烧香一炷，看达摩面壁图。

---

① 李侯：指东汉李膺，字元礼，时列"八俊"之首。扬子：指西汉扬雄，汉赋四大家之一。
② 篘（chōu）：一种竹制虑酒工具，形似篓，也代指酒。
③ 华句："句"通"钩"，即华钩藤，晒干可泡茶，亦可入药，有清热平肝、熄风定惊之功效。

垂帘少顷，不觉心净神清，气柔息定，
濛濛然如混沌境界，意者揖达摩与之乘槎而见麻姑^①也。

无端妖冶，终成泉下骷髅；
有分功名，自是梦中蝴蝶。

累月独处，一室萧条；
取云霞为伴侣，引青松为心知。
或稚子老翁，闲中来过，
浊酒一壶，蹲鸱^②一盂，相共开笑口，
所谈浮生闲话，绝不及市朝。
客去关门，了无报谢，如是毕，余生足矣。

半坞白云耕不尽，一潭明月钓无痕。

茅檐外，忽闻犬吠鸡鸣，恍似云中世界；
竹窗下，唯有蝉吟鹊噪，方知静里乾坤。

如今休去便休去，若觅了时无了时。
若能行乐，即今便好快活。
身上无病，心上无事，春鸟是笙歌，春花是粉黛。
闲得一刻，即为一刻之乐，何必情欲乃为乐耶？

开眼便觉天地阔，挝鼓非狂^③；
林卧不知寒暑更，上床空算^④。

---

① 麻姑：中国民间信仰的女神仙，道教人物。
② 蹲鸱：即大芋，其状如蹲伏之鸱，故有此一称。
③ 挝鼓非狂：典出《后汉书》，言东汉祢衡裸身击鼓辱骂曹操一事。
④ 上床空算：典出《三国志·陈登传》，比喻功名入世之心。

惟俭可以助廉，惟恕可以成德。

山泽未必有异士，异士未必在山泽。

业净六根成慧眼，身无一物到茅庵。

人生莫如闲，太闲反生恶业；
人生莫如清，太清反类俗情。

不是一番寒彻骨，怎得梅花扑鼻香？
念头稍缓时，便庄诵一遍。
梦以昨日为前身，可以今夕为来世。

读史要耐讹字，正如登山耐仄路，
蹈雪耐危桥，闲居耐俗汉，
看花耐恶酒，此方得力。

世外交情，惟山而已。
须有大观眼，济胜具，久住缘，
方许与之为莫逆。

九山散樵迹，俗间徜徉自肆，
遇佳山水处，盘礴箕踞，
四顾无人，则划然长啸，声振林木；
有客造榻与语，对曰：
"余方游华胥，接羲皇，未暇理君语。"
客之去留，萧然不以为意。

择地纳凉，不若先除热恼；
执鞭求富，何如急遣穷愁。

万壑疏风清，两耳闻世语，急须敲玉磬三声；
九天凉月净，初心诵其经，胜似撞金钟百下。

无事而忧，对景不乐，
即自家亦不知是何缘故，这便是一座活地狱，
更说甚么铜床铁柱、剑树刀山也。

烦恼之场，何种不有？
以法眼照之，奚啻①蝎蹈空花。

上高山，入深林，穷回溪，
幽泉怪石，无远不到；
到则拂草而坐，倾壶而醉，
醉则更相枕籍以卧，意亦甚适，梦亦同趣。

闭门阅佛书，开门接佳客，
出门寻山水，此人生三乐。

客散门扃，风微日落，
碧月皎皎当空，花阴徐徐满地；
近檐鸟宿，远寺钟鸣，
茶铛初熟，酒瓮乍开；
不成八韵新诗，毕竟一团俗气。

不作风波于世上，自无冰炭到胸中。

---

① 奚啻：也写作"奚翅"，解作何止，岂但。《孟子·告子下》："取食之重者与
礼之轻者而比之，奚翅食重？"

秋月当天，纤云都净，
露坐空阔去处，清光冷浸，
此身如在水晶宫里，令人心胆澄澈。

遗子黄金满籝，不如教子一经。

凡醉各有所宜。醉花宜昼，袭其光也；
醉雪宜夜，清其思也；醉得意宜唱，宣其和也；
醉将离宜击钵，壮其神也；
醉文人宜谨节奏，畏其侮也；
醉俊人宜益觥盂加旗帜，助其烈也；
醉楼宜暑，资其清也；
醉水宜秋，泛其爽也。
此皆审其宜，考其景，反此则失饮矣。
竹风一阵，飘飏茶灶疏烟；
梅月半湾，掩映书窗残雪。

厨冷分山翠，楼空入水烟。

闲疏滞叶通邻水，拟典荒居作小山。

聪明而修洁，上帝固录清虚；
文墨而贪残，冥官不受词赋。

破除烦恼，二更山寺木鱼声；
见彻性灵，一点云堂优钵影。

兴来醉倒落花前，天地即为衾枕；
机息忘怀磐石上，古今尽属蜉蝣。

老树着花，更觉生机郁勃；
秋禽弄舌，转令幽兴潇疏。

完得心上之本来，方可言了心；
尽得世间之常道，才堪论出世。

雪后寻梅，霜前访菊，
雨际护兰，风外听竹；
固野客之闲情，实文人之深趣。

结一草堂，
南洞庭月，北蛾眉雪，东泰岱松，西潇湘竹；
中具晋高僧支法①，八尺沉香床。
浴罢温泉，投床鼾睡，以此避暑，讵不乐也？

人有一字不识，而多诗意；
一偈不参，而多禅意；
一勺不濡，而多酒意；
一石不晓，而多画意；
淡宕故也。

以看世人青白眼，转而看书，则圣贤之真见识；
以议论人雌黄口，转而论史，则左狐之真是非。

事到全美处，怨我者不能开指摘之端；
行到至污处，爱我者不能施掩护之法。

---

① 支法：即支法存，晋代医僧，其先辈为胡人，后移居广州。因医术高明，遂成巨富，
结果遭人觊觎，被谋害而亡。

必出世者，方能入世，不则世缘易堕；
必入世者，方能出世，不则空趣难持。

调性之法，急则佩韦 ①，缓则佩弦；
谐情之法，水则从舟，陆则从车。

才人之行多放，当以正敛之；
正人之行多板，当以趣通之。

人有不及，可以情恕；
非义相干，可以理遣；
佩此两言，足以游世。

冬起欲迟，夏起欲早；
春睡欲足，午睡欲少。

无事当学白乐天之嗒然，
有客宜仿李建勋之击磬。②

郊居，诛茅结屋，云霞栖梁栋之间，竹树在汀洲之外；
与二三同调，望衡对宇，联接巷陌；
风天雪夜，买酒相呼；
此时觉曲生气味，十倍市饮。

万事皆易满足，惟读书终身无尽；
人何不以不知足一念加之书。

---

① 韦：一种复合皮，此处特是熟牛皮，古人多用来编制皮带或皮绳。
② 白乐天：即唐代诗人白居易。李建勋：唐末五代时人物，据《玉壶清话》载，其
每遇人谈猥俗事，即击玉磬，人问其故，曰：以声洗耳。

又云：读书如服药，药多力自行。

醉后辄作草书十数行，
便觉酒气拂拂，从十指中出去也。

书引藤为架，人将薜作衣。

从江干溪畔，箕踞石上，
听水声浩浩潺潺，粼粼泠泠，
恰似一部天然之乐韵，
疑有湘灵在水中鼓瑟也。

鸿中叠石，未论高下，
但有木阴水气，便自超绝。

段由夫携瑟，就松风涧响之间，
曰：三者皆自然之声，正合类聚。
高卧闲窗，绿阴清昼，天地何其寥廓也。

少学琴书，偶爱清净，开卷有得，便欣然忘食；
见树木交映，时鸟变声，亦复欢然有喜。
常言五六月卧北窗下，遇凉风暂至，
自谓羲皇上人。

空山听雨，是人生如意事。
听雨必于空山破寺中，
寒雨围炉，可以烧败叶，烹鲜笋。

鸟啼花落，欣然有会于心。
遣小奴，挈瘿樽，酤白酒，

釂^①一梨花瓷盏；急取诗卷，
快读一过以咽之，萧然不知其在尘埃间也。

闭门即是深山，读书随处净土。

千岩竞秀，万壑争流，
草木蒙笼其上，若云兴霞蔚。

从山阴道上行，山川自相映发，使人应接不暇；
若秋冬之际，犹难为怀。

欲见圣人气象，须于自己胸中洁净时观之。

执笔惟凭于手熟，为文每事于口占。

箕踞于班竹林中，徙倚于青矶石上；
所有道笈梵书，或校雠四五字，或参讽一两章。
茶不堪精，壶亦不燥，香不堪良，灰亦不死；
短琴无曲而有弦，长讴无腔而有音。
激气发于林樾，好风逆之水涯，
若非羲皇以上，定亦稽阮之间。

闻人善则疑之，闻人恶则信之，此满腔杀机也。

士君子尽心利济，使海内少他不得，
则天亦自然少他不得，即此便是立命。

读书不独变气质，且能养精神，盖理义收摄故也。

---

① 釂（jiào）：把酒一饮而尽。

周旋人事后，当诵一部清净经；
吊丧问疾后，当念一遍扯淡歌。

卧石不嫌于斜，立石不嫌于细，倚石不嫌于薄，
盆石不嫌于巧，山石不嫌于拙。

雨过生凉，境闲情适，邻家笛韵，
与晴云断雨逐听之，声声入肺肠。

不惜费，必至于空乏而求人；
不受享，无怪乎守财而遗诮。

园亭若无一假山林景况，
只以壮丽相炫，便觉俗气扑人。

餐霞吸露，聊驻红颜；
弄月嘲风，闲销白日。

清之品有五：
睹标致发厌俗之心，
见精洁动出尘之想，名曰清兴；
知蓄书史，能亲笔砚，布景物有趣，
种花木有方，名曰清致；
纸裹中窥钱，瓦瓶中藏粟，
困顿于荒野，摈弃乎血属，名曰清苦；
指幽僻之耽，夸以为高，
好言动之异，标以为放，名曰清狂；
博极今古，适情泉石，
文词带烟霞，行事绝尘俗，名曰清奇。

对棋不若观棋，观棋不若弹瑟，

弹瑟不若听琴。古云：

"但识琴中趣，何劳弦上音。"斯言信然。

奕秋①往矣，伯牙往矣，

千百世之下，止存遗谱，似不能尽有益于人。

唯诗文字画，足为传世之珍，垂名不朽。

总之身后名不若生前酒耳。

君子虽不过信人，君子断不过疑人。

人只把不如我者较量，则自知足。

折胶铄石②，虽累变于岁时；

热恼清凉，原只在于心境。

所以佛国都无寒暑，仙都长似三春。

鸟栖高枝，弹射难加；

鱼潜深渊，网钓不及；

士隐岩穴，祸患焉至。

于射而得揖让，于棋而得征诛，

于忙而得伊周，于闲而得巢许，

于醉而得瞿昙，③于病而得老庄，

---

① 奕秋：相传为弈界圣手，典出《孟子·告子上》："奕秋，通国之善弈者也。"
② 折胶铄石：语出苏轼《磨衲赞》："折胶堕指，此衲不寒；铄石流金，此衲不热。"
言极寒极热，亦指寒冬与炎夏。
③ 伊周：商朝的伊尹和西周的周公旦。巢许：巢父和许由的并称，上古传说中的隐士。
瞿昙：释迦牟尼的姓，后作佛之代称。

于饮食衣服、出作入息而得孔子。

前人云："昼短苦夜长，何不秉烛游？"不当草草看过。

优人代古人语，代古人笑，代古人愤，今文人为文似之。
优人登台肖古人，下台还优人，今文人为文又似之。
假令古人见今文人，当何如愤，何如笑，何如语？

看书只要理路通透，
不可拘泥旧说，更不可附会新说。

简傲不可谓高，谄谀不可谓谦，
刻薄不可谓严明，阘茸①不可谓宽大。

作诗能把眼前光景、胸中情趣，
一笔写出，便是作手，不必说唐说宋。

少年休笑老年颠，及到老时颠一般；
只怕不到颠时老，老年何暇笑少年。

饥寒困苦福将至已，饱饫宴游祸将生焉。

打透生死关，生来也罢，死来也罢；
参破名利场，得了也好，失了也好。

混迹尘中，高视物外；
陶情杯酒，寄兴篇咏；
藏名一时，尚友千古。

---

① 阘茸（tà róng）：地位或品格卑俗之人。

痴矣狂客，酷好宾朋；贤哉细君^①，无违夫子。
醉人盈座，簪裾半尽；
酒家食客满堂，瓶瓮不离米肆。
灯火荧荧，且耽夜酌；爨烟寂寂，安问晨炊。
生来不解攒眉，老去弥堪鼓腹。

皮囊速坏，神识常存，杀万命以养皮囊，
罪卒归于神识。
佛性无边，经书有限，穷万卷以求佛性，
得不属于经书。

人胜我无害，彼无蓄怨之心；
我胜人非福，恐有不测之祸。

书屋前，列曲槛栽花，凿方池浸月，引活水养鱼；
小窗下，焚清香读书，设净几鼓琴，
卷疏帘看鹤，登高楼饮酒。

人人爱睡，知其味者甚鲜；
睡则双眼一合，百事俱忘，肢体皆适，
尘劳尽消，即黄粱南柯，特余事已耳。
静修诗云："书外论交睡最贤。"旨哉言也。

过分求福，适以速祸；
安分远祸，将自得福。

倚势而凌人者，势败而人凌；

———————————

① 细君：古时称诸侯之妻为细君，后作妻子通称。

恃财而侮人者，财散而人侮；

循环之道。

我争者，人必争，虽极力争之，未必得；

我让者，人必让，虽极力让之，未必失。

贫不能享客，而好结客；

老不能徇世，而好维世；

穷不能买书，而好读奇书。

沧海日，赤城霞；蛾眉雪，巫峡云；

洞庭月，潇湘雨；彭蠡烟，广凌涛；

庐山瀑布，合宇宙奇观，绘吾斋壁。

少陵诗，摩诘画；左传文，马迁史；

薛涛笺，右军帖；《南华经》，相如赋；

屈子《离骚》，收古今绝艺，置我山窗。

偶饭淮阴，定万古英雄之眼，

自有一段真趣；纷扰不宁者，何能得此？

醉题便殿，生千秋风雅之光，

自有一番奇特蹴踘①臝下者，岂易获诸？

清闲无事，坐卧随心，虽粗衣淡食，但觉一尘不染；

忧患缠身，繁扰奔忙，虽锦衣厚味，只觉万状苦愁。

我如为善，虽一介寒士，有人服其德；

我如为恶，纵位极人臣，有人议其过。

读理义书，学法帖字；

---

① 蹴踘（jū jí）：蹴，古同“鞠”，古代一种游戏的皮球，类似今之足球。踘，小步行走。

澄心静坐，益友清谈；
小酌半醺，浇花种竹；
听琴玩鹤，焚香煮茶；
泛舟观山，寓意奕棋。
虽有他乐，吾不易矣。

成名每在穷苦日，败事多因得志时。

宠辱不惊，肝木自宁；
动静以敬，心火自定；
饮食有节，脾土不泄；
调息寡言，肺金自全；
怡神寡欲，肾水自足。

让利精于取利，逃名巧于邀名。

彩笔描空，笔不落色，而空亦不受染；
利刀割水，刀不损锷，而水亦不留痕。

唾面自干，娄师德不失为雅量；
睚眦必报，郭象玄未免为祸胎。①

天下可爱的人，都是可怜人；
天下可恶的人，都是可惜人。

事业文章，随身销毁，而精神万古如新；
功名富贵，逐世转移，而气节千载一日。

---

① 娄师德：唐朝宰相、名将。郭象玄：即郭汜，东汉末年董卓部将。

读书到快目处，起一切沉沦之色；
说话到洞心处，破一切暧昧之私。

谐臣媚子，极天下聪颖之人；
秉正嫉邪，作世间忠直之气。

隐逸林中无荣辱，道义路上无炎凉。

名心未化，对妻孥亦自矜庄；
隐衷释然，即梦寐皆成清楚。

闻谤而怒者，谗之囮[1]；
见誉而喜者，佞之媒。

摊浊作画，正如隔帘看月，隔水看花，
意在远近之间，亦文章法也。

藏锦于心，藏绣于口；
藏珠玉于咳唾，藏珍奇于笔墨；
得时则藏于册府，不得时则藏于名山。

读一篇轩快之书，宛见山青水白；
听几句透彻之语，如看岳立川行。

读书如竹外溪流，洒然而往；
咏诗如苹末风起，勃焉而扬。

子弟排场，有举止而谢飞扬，难博缠头之锦；

---

① 囮（é）：本指诱捕同类鸟的鸟。这里引申为媒介。

主宾御席，务廉隅^①而少蕴藉，终成泥塑之人。

取凉于箑，不若清风之徐来；
激水于槔，不若甘雨之时降。^②

有快捷之才而无所建用，势必乘愤激之处，一逞雄风；
有纵横之论而无所发明，势必乘簧鼓之场^③，一恣余力。

月榭凭栏，飞凌缥缈；
云房启户，坐看氤氲。

发端无绪，归结还自支离；
入门一差，进步终成恍惚。

李纳性辨急，酷尚奕棋，每下子，安详极于宽缓。
有时躁怒，家人辈密以棋具陈于前，
纳睹便欣然改容，取子布算，都忘其恚。

竹里登楼，远窥韵士，
聆其谈名理于坐上，而人我之相可忘；
花间扫石，时候棋师，
观其应危劫于枰间，而胜负之机早决。

六经为庖厨，百家为异馔；
三坟为瑚琏，诸子为鼓吹；
自奉得无大奢，请客未必能享。

---

① 廉隅：比喻一个人的品行端正不苟。《礼记·儒行》："近文章，砥厉廉隅。"
② 箑（shà）：扇子。槔（gāo）：即桔槔，一种取水工具。
③ 簧鼓：用美妙的语言迷惑别人。《庄子·骈拇》："枝於仁者，擢德塞性，以收名声，使天下簧鼓以奉不及之法，非乎？"

说得一句好言，此怀庶几才好；
揽了一分闲事，此身永不得闲。

古人特爱松风，庭院皆植松，每闻其响，
欣然往其下，曰："此可浣尽十年尘胃。"

凡名易居，只有清名难居；
凡福易享，只有清福难享。

贺兰山外虚兮怨，无定河边破镜愁。

有书癖而无剪裁，徒号书厨；
推名饮而少蕴藉，终非名饮。

飞泉数点雨非雨，空翠几重山又山。

夜者日之余，雨者月之余，冬者岁之余。
当此三余，人事稍疏，正可一意问学。

树影横床，诗思平凌枕上；
云华满纸，字意隐跃行间。

耳目宽则天地窄，争务短则日月长。

秋老洞庭，霜清彭泽。

听静夜之钟声，唤醒梦中之梦；
观澄潭之月影，窥见身外之身。

事有急之不白者，宽之或自明，毋躁急以速其忿；
人有操之不从者，纵之或自化，毋操切以益其顽。

士君子贫不能济物者，遇人痴迷处，出一言提醒之；
遇人急难处，出一言解救之，亦是无量功德。

处父兄骨肉之变，宜从容，不宜激烈；
遇朋友交游之失，宜剀切，不宜优游。

问祖宗之德泽，吾身所享者，是当念其积累之难；
问子孙之福祉，吾身所贻者，是要思其倾覆之易。

韶光去矣，叹眼前岁月无多，可惜年华如疾马；
长啸归与，知身外功名是假，好将姓字任呼牛^①。

意慕古，先存古，未敢反古；
心持世，外厌世，未能离世。

苦恼世上，度不尽许多痴迷汉，
人对之肠热，我对之心冷；
嗜欲场中，唤不醒许多伶俐人，
人对之心冷，我对之肠热。

自古及今，山之胜多妙于天成，每坏于人造。

画家之妙，皆在运笔之先，运思之际；
一经点染便减神机。

---

① 呼牛：成语"呼牛呼马"之省略，指别人称自己牛马毫不在意，出自《庄子·天道》：
"昔者子呼我牛也，而谓之牛，呼我马也，而谓之马。"

长于笔者，文章即如言语；
长于舌者，言语即成文章。
昔人谓"丹青乃无言之诗，诗句乃有言之画"；
余则欲丹青似诗，诗句无言，方许各臻妙境。

舞蝶游蜂，忙中之闲，闲中之忙；
落花飞絮，景中之情，情中之景。

五夜鸡鸣，唤起窗前明月；
一觉睡醒，看破梦里当年。

想到非非想，茫然天际白云；
明至无无明，浑矣台中明月。

逃暑深林，南风逗树；
脱帽露顶，沉李浮瓜；
火宅炎官，莲花忽迸；
较之陶潜卧北窗下，自称羲皇上人，
此乐过半矣。

霜飞空而漫雾，雁照月而猜弦。

既景华而凋彩，亦密照而疏明；
若春隰之扬花，似秋汉之含星。
景澄则岩岫开镜，风生则芳树流芬。

类君子之有道，入暗室而不欺；
同至人之无迹，怀明义以应时。
一翻一覆兮如掌，一死一生兮如轮。

卷五 集素

袁石公云："长安风雪夜，古庙冷铺中，乞儿丐僧，齁齁如雷吼，而白髭老贵人，拥锦下帷，求一合眼不得。呜呼！松间明月，槛外青山，未尝拒人，而人人自拒者，何哉？"集素第五。

田园有真乐，不潇洒终为忙人；
诵读有真趣，不玩味终为鄙夫；
山水有真赏，不领会终为漫游；
吟咏有真得，不解脱终为套语。

居处寄吾生，但得其地，不在高广；
衣服被吾体，但顺其时，不在纨绮；
饮食充吾腹，但适其可，不在膏粱；
宴乐修吾好，但致其诚，不在浮靡。

披卷有余闲，留客坐残良夜月；
襄帷①无别务，呼童耕破远山云。

琴觞自对，鹿豕为群；
任彼世态之炎凉，从他人情之反覆。

---

① 襄帷：本指官吏体察民情，出自《后汉书·贾琮传》，这里指从官理政。

家居苦事物之扰，惟田舍园亭，别是一番活计；
焚香煮茗，把酒吟诗，不许胸中生冰炭。
客寓多风雨之怀，独禅林道院，转添几种生机；
染翰挥毫，翻经问偈，肯教眼底逐风尘。

茅齐独坐茶频煮，七碗后，气爽神清；
竹榻斜眠书漫抛，一枕余，心闲梦稳。

带雨有时种竹，关门无事锄花；
拈笔闲删旧句，汲泉几试新茶。

余尝净一室，置一几，陈几种快意书，放一本旧法帖；
古鼎焚香，素麈挥尘，意思小倦，暂休竹榻。
饷时而起，则啜苦茗，信手写汉书几行，随意观古画数幅。
心目间，觉洒灵空，面上俗尘，当亦扑去三寸。

但看花开落，不言人是非。

莫恋浮名，梦幻泡影有限；
且寻乐事，风花雪月无穷。

白云在天，明月在地；
焚香煮茗，阅偈翻经；
俗念都捐，尘心顿洗。

暑中尝默坐，澄心闭目，
作水观久之，觉肌发洒洒，
几阁间似有凉气飞来。

胸中只摆脱一恋字，便十分爽净，十分自在；

人生最苦处，只是此心；
沾泥带水，明是知得，不能割断耳。

无事以当贵，早寝以当富，
缓步以当车，晚食以当肉；
此巧于处贫者。

三月茶笋初肥，梅风未困；九月莼鲈正美，秫酒新香；
胜友晴窗，出古人法书名画，焚香评赏，无过此时。

高枕邱中，逃名世外，耕稼以输王税，采樵以奉亲颜；
新谷既升，田家大洽，肥羜烹以享神，枯鱼燔而召友；
蓑笠在户，桔槔空悬，浊酒相命，击缶长歌，野人之乐足矣。

为市井草莽之臣，早输国课；
作泉石烟霞之主，日远俗情。

覆雨翻云何险也，论人情，只合杜门；
吟风弄月忽颓然，全天真，且须对酒。

春初玉树参差，冰花错落，
琼台奇望，恍坐玄圃罗浮①；
若非黄昏月下，携琴吟赏，杯酒留连，
则暗香浮动，疏影横斜之趣，何能有实际。

性不堪虚，天渊亦受鸢鱼之扰；
心能会境，风尘还结烟霞之娱。

---

① 玄圃罗浮：指仙境。玄圃，出自《山海经》，相传昆仑山顶有神仙之所，谓"黄帝之园"。罗浮，即罗浮山，道教圣地，十大洞天之"第七洞天"。

身外有身，捉麈尾矢口闲谈，真如画饼；
窍中有窍，向蒲团回心究竟，方是力田。

山中有三乐：
薜荔可衣，不羡绣裳；
蕨薇可食，不贪粱肉；
箕踞^①散发，可以逍遥。

终南当户，鸡峰如碧笋左簇，
退食时秀色纷纷堕盘，
山泉绕窗入厨，孤枕梦回，惊闻雨声也。

世上有一种痴人，所食闲茶冷饭，何名高致。

桑林麦陇，高下竞秀；
风摇碧浪层层，雨过绿云绕绕。
雉雏春阳，鸠呼朝雨，竹篱茅舍，
间以红桃白李，燕紫莺黄，寓目色相，
自多村家闲逸之想，令人便忘艳俗。

白云满谷，月照长空，
洗足收衣，正是宴安时节。

眉公居山中，有客问山中何景最奇，曰：
"雨后露前，花朝雪夜。"
又问何事最奇，曰：
"钓因鹤守，果遣猿收。"

———————

① 箕踞：一种无拘无束的坐姿。

古今我爱陶元亮，乡里人称马才子。①

嗜酒好睡，往往闭门；俯仰进趋，随意所在。

霜水澄定，凡悬崖峭壁；
古木垂萝，与片云纤月；
一山映在波中，策杖临之，心境俱清绝。

亲不抬饭，虽大宾不宰牲；
匪直戒奢侈而可久，亦将免烦劳以安身。

饥生阳火炼阴精，食饱伤神气不升。

心苟无事，则息自调；
念苟无欲，则中自守。

文章之妙：语快令人舞，语悲令人泣，
语幽令人冷，语怜令人惜，语慎令人密；
语怒令人按剑，语激令人投笔，
语高令人入云，语低令人下石。

溪响松声，清听自远；
竹冠兰佩，物色俱闲。

鄙吝一销，白云亦可赠客；
渣滓尽化，明月自来照人。

---

① 陶元亮：即陶渊明，字元亮，中国第一位田园诗人。马才子：东汉名将伏波将军
马援的堂弟，其志淡泊，知足求安。

存心有意无意之妙，微云淡河汉；
应世不即不离之法，疏雨滴梧桐。

肝胆相照，欲与天下共分秋月；
意气相许，欲与天下共坐春风。

堂中设木榻四，素屏二，古琴一张，儒道佛书各数卷。
乐天既来为主，仰观山，俯听水，
傍睨竹树云石，自辰至酉，应接不暇。
俄而物诱气和，外适内舒，一宿体宁，
再宿心恬，三宿后，颓然嗒然，不知其然而然。

偶坐蒲团，纸窗上月光渐满；
树影参差，所见非空非色；
此时虽名衲敲门，山童且勿报也。

会心处不必在远；
翳然林水，便自有濠濮间想，
不觉鸟兽禽鱼自来亲人。

茶欲白，墨欲黑；
茶欲重，墨欲轻；
茶欲新，墨欲旧。

馥喷五木之香，色冷冰蚕之锦。

筑风台以思避，构仙阁而入圆。

客过草堂，问："何感慨而甘栖遁？"

余倦于对，但拈古句答曰：

"得闲多事外，知足少年中。"

问："是何功课？"

曰："种花春扫雪，看篆夜焚香。"

问："是何利养？"

曰："砚田^①无恶岁，酒国有长春。"

问："是何还往？"

曰："有客来相访，通名是伏羲。"

山居胜于城市，盖有八德：

不责苛礼，不见生客，不混酒肉，

不竞田产，不闻炎凉，不闹曲直，

不徵文逋，不谈仕籍。

采茶欲精，藏茶欲燥，烹茶欲洁。

茶见日而夺味，墨见日而色灰。

磨墨如病儿，把笔如壮夫。

园中不能辨奇花异石，惟一片树阴，

半庭藓迹，差可会心忘形。

友来或促膝剧论，或鼓掌欢笑，或彼谈我听，

或彼默我喧，而宾主两忘。

尘缘割断，烦恼从何处安身；

世虑潜消，清虚向此中立脚。

---

① 砚田：古代读书人以文墨讨生活，故以砚作田。

檐前绿蕉黄葵，老少叶，鸡冠花，布满阶砌。
移榻对之，或枕石高眠，或捉麈清话。
门外车马之尘滚滚，了不相关。

夜寒坐小室中，拥炉闲话。
渴则敲冰煮茗，饥则拨火煨芋。

阿衡①五就，那如莘野躬耕；
诸葛七擒，争似南阳抱膝。

饭后黑甜，日中薄醉，别是洞天；
茶铛酒臼，轻案绳床，寻常福地。

翠竹碧梧，高僧对奕；
苍苔红叶，童子煎茶。

久坐神疲，焚香仰卧；
偶得佳句，即令毛颖君就枕掌记，
不则展转失去。

和雪嚼梅花，羡道人之铁脚②；
烧丹染香履，称先生之醉吟③。

灯下玩花，帘内看月，雨后观景，
醉里题诗，梦中闻书声，皆有别趣。

---

① 阿衡：指匡衡，汉元帝时官至丞相，成语"凿壁偷光"即源其事。
② 道人之铁脚：即铁脚道人，传为明代杜巽才，著有《霞外杂俎》一书，亦有学者不持此说。典出张岱《夜航船·嚼梅咽雪》。
③ 先生之醉吟：即白居易，晚年自号"醉吟先生"，典出冯贽《云仙杂记·飞云履》。

王思远扫客坐留，不若杜门；
孙仲益浮白俗谈，足当洗耳。

铁笛吹残，长啸数声，空山答响；
胡麻饭罢，高眠一觉，茂树屯阴。

编茅为屋，叠石为阶，何处风尘可到；
据梧而吟，烹茶而语，此中幽兴偏长。

皂囊白简[1]，被人描尽半生；
黄帽青鞋，任我逍遥一世。

清闲之人不可惰其四肢，又须以闲人做闲事：
临古人帖，温昔年书；
拂几微尘，洗砚宿墨；
灌园中花，扫林中叶。
觉体少倦，放身匡床上，暂息半晌可也。

待客当洁不当侈，无论不能继，亦非所以惜福。

葆真莫如少思，寡过莫如省事；
善应莫如收心，解醪莫如澹志。

世味浓，不求忙而忙自至；
世味淡，不偷闲而闲自来。

盘餐一菜，永绝腥膻，饭僧宴客，何烦六甲行厨；

----

① 皂囊白简：皂囊是汉代一种奏章制度，如果事关机密，则以皂囊封印。白简：古
代弹劾官员的奏章，初以白玉为质，故称。

茆屋三楹，仅蔽风雨，扫地焚香，安用数童缚帚。

以俭胜贫，贫忘；以施代侈，侈化；
以省去累，累消；以逆炼心，心定。

净几明窗，一轴画，一囊琴，一只鹤，一瓯茶，
一炉香，一部法帖；
小园幽径，几丛花，几群鸟，几区亭，几拳石，
几池水，几片闲云。

花前无烛，松叶堪焚；石畔欲眠，琴囊可枕。

流年不复记，但见花开为春，花落为秋；
终岁无所营，惟知日出而作，日入而息。

脱巾露项，斑文竹箨①之冠；
倚枕焚香，半臂华山之服。

谷雨前后，为和凝汤社，双井白芽，
湖州紫笋，扫臼涤铛，征泉选火。
以王濛为品司，卢仝为执权，
李赞皇为博士，陆鸿渐为都统。
聊消渴吻，敢讳水淫，差取婴汤，以供茗战。

窗前落月，户外垂萝；
石畔草根，桥头树影；
可立可卧，可坐可吟。

---

① 箨（tuò）：竹笋上一片一片的笋壳。

亵狎易契，日流于放荡；
庄厉难亲，日进于规矩。

甜苦备尝好丢手，世味浑如嚼蜡；
生死事大急回头，年光疾如跳丸。

若富贵由我力取，则造物无权；
若毁誉随人脚根，则谗夫得志。

清事不可着迹。
若衣冠必求奇古，器用必求精良，
饮食必求异巧，此乃清中之浊，
吾以为清事之一蠹。

吾之一身，尝有少不同壮，壮不同老；
吾之身后，焉有子能肖父，孙能肖祖?
如此期，必尽属妄想，所可尽者，惟留好样与儿孙而已。

若想钱而钱来，何故不想；
若愁米而米至，人固当愁。
晓起依旧贫穷，夜来徒多烦恼。

半窗一几，远兴闲思，天地何其寥阔也；
清晨端起，亭午高眠，胸襟何其洗涤也。

行合道义，不卜自吉；
行悖道义，纵卜亦凶。
人当自卜，不必问卜。

奔走于权幸之门，自视不胜其荣，人窃以为辱；

经营于利名之场，操心不胜其苦，己反以为乐。

宇宙以来有治世法，
有傲世法，有维世法，有出世法，有垂世法。
唐虞垂衣，商周秉钺，是谓治世；
巢父洗耳，裘公瞑目，是谓傲世；
首阳轻周 ①，桐江重汉 ②，是谓维世；
青牛度关，白鹤翔云，是谓出世；
若乃鲁儒一人 ③，邹传七篇 ④，始谓垂世。

书室中修行法：
心闲手懒，则观法帖，以其逐字放置也；
手闲心懒，则治迂事，以其可作可止也；
心手俱闲，则写字作诗文，以其可以兼济也；
心手俱懒，则坐睡，以其不强役于神也；
心不甚定，宜看诗及杂短故事，
以其易于见意不滞于久也；
心闲无事，宜看长篇文字，
或经注，或史传，或古人文集，
此又甚宜风雨之际及寒夜也。
又曰："手冗心闲则思，心冗手闲则卧，
心手俱闲，则著作书字，
心手俱冗，则思早毕其事，以宁吾神。"

---

① 首阳轻周：典出《史记·伯夷列传》，讲述武王平殷乱，天下宗周，而伯夷和叔齐深以为耻，不食周粟，隐于首阳山。
② 桐江重汉：典出严光的事迹。严光与汉光武帝刘秀是同窗，曾助后者起兵，天下大定后隐居桐庐富春江畔，终年八十岁。
③ 鲁儒一人：指圣人孔夫子。
④ 邹传七篇：指亚圣孟子，其《孟子》一书共七篇。

片时清畅，即享片时；
半景幽雅，即娱半景；
不必更起姑待之心。

一室经行，贤于九衢奔走；
六时礼佛，清于五夜朝天。

会意不求多，数幅晴光摩诘画；
知心能有几，百篇野趣少陵诗。

醇醪百斛，不如一味太和之汤；
良药千包，不如一服清凉之散。

闲暇时，取古人快意文章，朗朗读之，
则心神超逸，须眉开张。

修净土者，自净其心，方寸居然莲界；
学禅坐者，达禅之理，大地尽作蒲团。

衡门之下，有琴有书；
载弹载咏，爰得我娱；
岂无他好，乐是幽居；
朝为灌园，夕偃蓬庐。

因葺旧庐，疏渠引泉，周以花木，日哦其间；
故人过逢，瀹①茗奕棋，杯酒淋浪，其乐殆非尘中有也。

逢人不说人间事，便是人间无事人。

————————

① 瀹（yuè）：煮。

闲居之趣，快活有五：
不与交接，免拜送之礼，一也；
终日观书鼓琴，二也；
睡起随意，无有拘碍，三也；
不闻炎凉嚣杂，四也；
能课子耕读，五也。

虽无丝竹管弦之盛，一觞一咏，
亦足以畅叙幽情。

独卧林泉，旷然自适，无利无营，
少思寡欲，修身出世法也。

茅屋三间，木榻一枕，
烧清香，啜苦茗，读数行书，
懒倦便高卧松梧之下，或科头行吟。
日常以苦茗代肉食，以松石代珍奇，
以琴书代益友，以著述代功业，此亦乐事。

挟怀朴素，不乐权荣；
栖迟僻陋，忽略利名；
葆守恬淡，希时安宁；
晏然闲居，时抚瑶琴。

人生自古七十少，前除幼年后除老。
中间光景不多时，又有阴晴与烦恼。
到了中秋月倍明，到了清明花更好。
花前月下得高歌，急须漫把金樽倒。
世上财多赚不尽，朝里官多做不了。

官大钱多身转劳，落得自家头白早。
请君细看眼前人，年年一分埋青草。
草里多多少少坟，一年一半无人扫。

饥乃加餐，菜食美于珍味；
倦然后卧，草蓐胜似重裀。

流水相忘游鱼，游鱼相忘流水，即此便是天机；
太空不碍浮云，浮云不碍太空，何处别有佛性？

丹山碧水之乡，月涧云龛之品，
涤烦消渴，功诚不在芝术下。

颇怀古人之风，愧无素屏之赐，
则青山白云，何在非我枕屏。

江山风月，本无常主，闲者便是主人。

入室许清风，对饮惟明月。

被衲持钵，作发僧行径，
以鸡鸣当檀越①，以枯管当筇杖，
以饭颗当祇园②，以岩云野鹤当伴侣，
以背锦奚奴当行脚头陀，
往探六六奇峰，三三曲水。

山房置一钟，每于清晨良宵之下，

---

① 檀越：梵语音译，即施主。
② 祇园：释迦牟尼佛在舍卫国宣扬佛法之所，后代指佛寺。

用以节歌，令人朝夕清心，动念和平。
李秃谓："有杂想，一击遂忘；
有愁思，一撞遂扫。"知音哉！

潭涧之间，清流注泻；千岩竞秀，万壑争流；
却自胸无宿物，漱清流，令人濯濯清虚，
日来非惟使人情开涤，可谓一往有深情。

林泉之浒，风飘万点，清露晨流，
新桐初引，萧然无事，闲扫落花，足散人怀。

浮云出岫，绝壁天悬，日月清朗，不无微云点缀。
看云飞轩轩霞举，踞胡床与友人咏谑，不复淬秽太清。

山房之磬，虽非绿玉，沉明轻清之韵，尽可节清歌洗俗耳。
山居之乐，颇惬冷趣，煨落叶为红炉，况负暄于岩户。
土鼓催梅，荻灰暖地，虽潜凛以萧索，见素柯之凌岁。
同云不流，舞雪如醉，野因旷而冷舒，山以静而不晦。
枯鱼在悬，浊酒已注，朋徒我从，寒盟可固，
不惊岁暮于天涯，即是挟纩于孤屿。

步障锦千层，氍毹①紫万叠，
何似编叶成帏，聚茵为褥？
绿阴流影清入神，香气氤氲彻人骨，
坐来天地一时宽，闲放风流晓清福。

送春而血泪满腮，悲秋而红颜惨目。

---

① 氍毹（qú shū）：一种织有花纹图案的布或毛毯，产自西域。

翠羽欲流，碧云为飓。

郊中野坐，固可班荆；径里闲谈，最宜拂石。
侵云烟而独冷，移开清啸胡床，
藉草木以成幽，撤去庄严莲界。
况乃枕琴夜奏，逸韵更扬；置局午敲，清声甚远；
洵幽栖之胜事，野客之虚位也。

饮酒不可认真，认真则大醉，大醉则神魂昏乱。
在《书》为沉湎①，在《诗》为童羖②，
在《礼》为豢豕③，在史为狂药④。
何如但取半酣，与风月为侣？

家鸳鸯湖滨，饶蒹葭凫鹥，水月潋荡之观。
客啸渔歌，风帆烟艇，虚无出没，半落几上，
呼野衲而泛斜阳，无过此矣！

雨后卷帘看霁色，却疑苔影上花来。

月夜焚香，古桐三弄，便觉万虑都忘，妄想尽绝。
试看香是何味？烟是何色？
穿窗之白是何影？指下之余是何音？
恬然乐之而悠然忘之者，是何趣？
不可思量处，是何境？

---

① 《书》：《尚书·泰誓》载有"沉湎冒色，敢行暴虐"之言。
② 《诗》：《诗经·小雅》载有"由醉之言，俾出童羖"之诗句。童羖（gǔ）：无
　 角公羊，但公羊角长且美，故用来比喻无有之事物。
③ 《礼》：《礼记·乐记》言"夫豢豕为酒，非以为祸也，而狱讼益繁，则酒之流生祸也"。
④ 在史为狂药：典出《晋书·裴楷传》："足下饮人狂药，责人正礼，不亦乖乎？"

贝叶之歌 ① 无碍，莲花之心不染。

河边共指星为客，花里空瞻月是卿。

人之交友，不出趣味两字，
有以趣胜者，有以味胜者。
然宁饶于味，而无饶于趣。

守恬淡以养道，处卑下以养德，
去嗔怒以养性，薄滋味以养气。

吾本薄福人，宜行惜福事；
吾本薄德人，宜行厚德事。

知天地皆逆旅，不必更求顺境；
视众生皆眷属，所以转成冤家。

只宜于着意处写意，不可向真景处点景。

只愁名字有人知，涧边幽草；
若问清盟谁可托，沙上闲鸥。

山童率草木之性，与鹤同眠；
奚奴领歌咏之情，检韵而至。

闭户读书，绝胜入山修道；
逢人说法，全输兀坐扪心。

---

① 贝叶之歌：指佛经，古印度以树叶记载经文。

砚田登大有 ①，虽千仓珠粟，不输两税之征；
文锦运机杼，纵万轴龙文，不犯九重之禁。

步明月于天衢，览锦云于江阁。

幽人清课，讵但啜茗焚香；
雅士高盟，不在题诗挥翰。

以养花之情自养，则风情日闲；
以调鹤之性自调，则真性自美。

热汤如沸，茶不胜酒；幽韵如云，酒不胜茶。
酒类侠，茶类隐；酒固道广，茶亦德素。

老去自觉万缘都尽，那管人是人非；
春来倘有一事关心，只在花开花谢。

是非场里，出入逍遥；顺逆境中，纵横自在。
竹密何妨水过，山高不碍云飞。

口中不设雌黄，眉端不挂烦恼，可称烟火神仙；
随意而栽花柳，适性以养禽鱼，此是山林经济。

午睡欲来，颓然自废，身世庶几浑忘；
晚炊既收，寂然无营，烟火听其更举。

花开花落春不管，拂意事休对人言；
水暖水寒鱼自知，会心处还期独赏。

---

① 大有：《易经》第十四卦的卦名，即乾下离上，象征大、多，寓意丰收或大好之年。

心地上无风涛，随在皆青山绿水；
性天中有化育，触处见鱼跃鸢飞。

宠辱不惊，闲看庭前花开花落；
去留无意，漫随天外云卷云舒。

斗室中万虑都捐，说甚画栋飞云，珠帘卷雨；
三杯后一真自得，谁知素弦横月，短笛吟风。

得趣不在多，盆池拳石间，烟霞具足；
会景不在远，蓬窗竹屋下，风月自赊。

会得个中趣，五湖之烟月尽入寸衷；
破得眼前机，千古之英雄都归掌握。
细雨闲开卷，微风独弄琴。

水流任意景常静，花落虽频心自闲。

残曛供白醉，傲他附热之蛾；
一枕余黑甜①，输却分香之蝶。

闲为水竹云山主，静得风花雪月权。

半幅花笺入手，剪裁就腊雪春冰；
一条竹杖随身，收拾尽燕云楚水。

---

① 黑甜：酣睡意，出自魏庆之《诗人玉屑》卷六引《西清诗话》，后称睡梦之境为"黑甜乡"。

心与竹俱空，问是非何处安觉；
貌偕松共瘦，知忧喜无由上眉。

芳菲林圃看蜂忙，觑破几多尘情世态；
寂寞衡茆①观燕寝，发起一种冷趣幽思。

何地非真境？何物非真机？
芳园半亩，便是旧金谷；流水一湾，便是小桃源。
林中野鸟数声，便是一部清鼓吹；
溪上闲云几片，便是一幅真画图。

人在病中，百念灰冷，
虽有富贵，欲享不可，反羡贫贱而健者。
是故人能于无事时常作病想，
一切名利之心自然扫去。

竹影入帘，蕉阴荫槛，取蒲团一卧，
不知身在冰壶鲛室。

万壑松涛，乔柯飞颖，风来鼓飔谡谡，有秋江八月声迢递；
幽岩之下，披襟当之，不知是羲皇上人。

霜降木落时，入疏林深处，坐树根上，
飘飘叶点衣袖，而野鸟从梢飞来窥人。
荒凉之地，殊有清旷之致。

明窗之下，罗列图史琴尊以自娱。
有兴则泛小舟，吟啸览古于江山之间。

---

① 茆（máo）：同"茅"，茅草。

渚茶野酿，足以消忧；莼鲈稻蟹，足以适口。
又多高僧隐士，佛庙绝胜。
家有园林，珍花奇石，曲沼高台，
鱼鸟流连，不觉日暮。

山中莳花种草，足以自娱，
而地朴人荒，泉石都无，丝竹绝响，
奇士雅客亦不复过，未免寂寞度日。
然泉石以水竹代，丝竹以莺舌蛙吹代，
奇士雅客以蠹^①简代，亦略相当。

闲中觅伴书为上，身外无求睡最安。

栽花种竹，未必果出闲人；
对酒当歌，难道便称侠士？

虚堂留烛，抄书尚存老眼；
有客到门，挥麈但说青山。

千人亦见，百人亦见，斯为拔萃出类之英雄；
三日不举火，十年不制衣，殆是乐道安贫之贤士。

帝子之望巫阳，远山过雨；
王孙之别南浦，芳草连天。

室距桃源，晨夕恒滋兰藘^②；
门开杜径，往来惟有羊裘。

---

① 蠹简：被虫蛀坏了的书，泛指破旧古籍。
② 藘（qú）：一种香草名。

枕长林而披史，松子为餐；
入丰草以投闲，蒲根可服。

一泓溪水柳分开，尽道清虚搅破；
三月林光花带去，莫言香分消残。

荆扉昼掩，闲庭宴然，行云流水襟怀；
隐不违亲，贞不绝俗，太山乔岳气象。

窗前独榻频移，为亲夜月；
壁上一琴常挂，时拂天风。

萧斋香炉，书史酒器俱捐；
北窗石枕，松风茶铛将沸。

明月可人，清风披坐，班荆问水，天涯韵士高人；
下箸佐觞，品外涧毛溪蔌，主之荣也。
高轩寒户，肥马嘶门，命酒呼茶，声势惊神震鬼；
叠筵累几，珍奇罄地穷天，客之辱也。

贺函伯坐径山竹里，须眉皆碧；
王长公龛杜鹃楼下，云母都红。

坐茂树以终日，濯清流以自洁。
采于山，美可茹；钓于水，鲜可食。

年年落第，春风徒泣于迁莺；
处处羁游，夜雨空悲于断雁。
金壶霏润，瑶管春容。

菜甲初长，过于酥酪。
寒雨之夕，呼童摘取，佐酒夜谈，
嗅其清馥之气，可涤胸中柴棘，何必纯灰三斛！

暖风春坐酒，细雨夜窗棋。

秋冬之交，夜静独坐，
每闻风雨潇潇，既凄然可愁，亦复悠然可喜。
至酒醒灯昏之际，尤难为怀。
长亭烟柳，白发犹劳，奔走可怜名利客；
野店溪云，红尘不到，逍遥时有牧樵人。
天之赋命实同，人之自取则异。

富贵大是能俗人之物，使吾辈当之，自可不俗；
然有此不俗胸襟，自可不富贵矣。

风起思莼，张季鹰之胸怀落落；
春回到柳，陶渊明之兴致翩翩。
然此二人，薄宦投簪，吾犹嗟其太晚。

黄花红树，春不如秋；白雪青松，冬亦胜夏。
春夏园林，秋冬山谷；一心无累，四季良辰。

听牧唱樵歌，洗尽五年尘土肠胃；
奏繁弦急管，何如一派山水青音。

孑然一身，萧然四壁，有识者当此，
虽未免以冷淡成愁，断不以寂寞生悔。

从五更枕席上参看心体，心未动，
情未萌，才见本来面目；
向三时饮食中谙练世味，浓不欣，
淡不厌，方为切实功夫。

瓦枕石榻，得趣处下界有仙；
木食草衣，随缘时西方无佛。

当乐境而不能享者，毕竟是薄福之人；
当苦境而反觉甘者，方才是真修之士。

半轮新月数竿竹，千卷藏书一笈茶。

偶向水村江郭，放不系之舟；
还从沙岸草桥，吹无孔之笛。

物情以常无事为欢颜，世态以善托故为巧术。

善救时，若和风之消酷暑；
能脱俗，似淡月之映轻云。

廉所以惩贪，我果不贪，何必标一廉名，
以来贪夫之侧目；
让所以息争，我果不争，又何必立一让名，
以致暴客之弯弓？

曲高每生寡和之嫌，歌唱需求同调；
眉修多取入宫之妒，梳洗切莫倾城。

随缘便是遣缘，似舞蝶与飞花共适；

顺事自然无事，若满月偕盆水同圆。

耳根似飙谷投响，过而不留，则是非俱谢；
心境如月池浸色，空而不着，则物我两忘。

心事无不可对人语，则梦寐俱清；
行事无不可使人见，则饮食俱稳。

卷六　集景

　　结庐松竹之间，闲云封户；徙倚青林之下，花瓣沾衣。芳草盈阶，茶烟几缕；春光满眼，黄鸟一声。此时可以诗，可以画，而正恐诗不尽言，画不尽意。而高人韵士，能以片言数语尽之者，则谓之诗可，谓之画可，则谓高人韵士之诗画亦无不可。集景第六。

　　　　花关曲折，云来不认湾头；
　　　　草径幽深，落叶但敲门扇。

　　　　细草微风，两岸晚山迎短棹；
　　　　垂杨残月，一江春水送行舟。

　　　　草色伴河桥，锦缆晓牵三竺雨；
　　　　花阴连野寺，布帆晴挂六桥烟。

　　　　闲步畎亩间，垂柳飘风，新秧翻浪；
　　　　耕夫荷农器，长歌相应；牧童稚子，倒骑牛背，
　　　　短笛无腔，吹之不休，大有野趣。

　　　　夜阑人静，携一童立于清溪之畔，
　　　　孤鹤忽唳，鱼跃有声，清入肌骨。

垂柳小桥，纸窗竹屋，

焚香燕坐，手握道书一卷。

客来则寻常茶具，本色清言，

日暮乃归，不知马蹄为何物。

门内有径，径欲曲；径转有屏，屏欲小；

屏进有阶，阶欲平；阶畔有花，花欲鲜；

花外有墙，墙欲低；墙内有松，松欲古；

松底有石，石欲怪；石面有亭，亭欲朴；

亭后有竹，竹欲疏；竹尽有室，室欲幽；

室旁有路，路欲分；路合有桥，桥欲危；

桥边有树，树欲高；树阴有草，草欲青；

草上有渠，渠欲细；渠引有泉，泉欲瀑；

泉去有山，山欲深；山下有屋，屋欲方；

屋角有圃，圃欲宽；圃中有鹤，鹤欲舞；

鹤报有客，客不俗；客至有酒，酒欲不却；

酒行有醉，醉欲不归。

清晨林鸟争鸣，唤醒一枕春梦。

独黄鹂百舌，抑扬高下，最可人意。

高峰入云，清流见底。

两岸石壁，五色交辉，青林翠竹，

四时俱备，晓雾将歇，猿鸟乱鸣；

日夕欲颓，池鳞竞跃，实欲界之仙都。

自康乐①以来，未有能与其奇者。

曲径烟深，路接杏花酒舍；

---

① 康乐：即南北朝时期山水诗人谢灵运，因继承其祖父爵位，被封为康乐公。

澄江日落，门通杨柳渔家。

长松怪石，去墟落不下一二十里。
鸟径缘崖，涉水于草莽间。
数四左右，两三家相望，鸡犬之声相闻。
竹篱草舍，燕处其间，
兰菊艺之，霜月春风，日有余思。
临水时种桃梅，儿童婢仆皆布衣短褐，
以给薪水，酿村酒而饮之。
案有诗书《庄周》《太玄》《楚辞》《黄庭》
《阴符》《楞严》《圆觉》，数十卷而已。
杖藜蹑屐，往来穷谷大川，听流水，看激湍，
鉴澄潭，步危桥，坐茂树，探幽壑，升高峰，不亦乐乎！

天气清朗，步出南郊野寺，沽酒饮之。
半醉半醒，携僧上雨花台，
看长江一线，风帆摇曳，钟山紫气，
掩映黄屋，景趣满前，应接不暇。

净扫一室，用博山炉蒸沉水香，香烟缕缕，
直透心窍，最令人精神凝聚。

每登高邱，步邃谷，延留燕坐，
见悬崖瀑流，寿木垂萝，
闷邃岑寂之处，终日忘返。

每遇胜日有好怀，袖手哦古人诗足矣。
青山秀水，到眼即可舒啸，何必居篱落下，然后为己物？

柴门不扃，筠帘半卷，梁间紫燕，

呢呢喃喃，飞出飞入。

山人以啸咏佐之，皆各适其性。

风晨月夕，客去后，蒲团可以双跏；

烟岛云林，兴来时，竹杖何妨独往。

三径竹间，日华澹澹，固野客之良辰；

一偏窗下，风雨潇潇，亦幽人之好景。

乔松十数株，修竹千余竿；青萝为墙垣，白石为鸟道；

流水周于舍下，飞泉落于檐间；

绿柳白莲，罗生池砌；时居其中，无不快心。

人冷因花寂，湖虚受雨喧。

有屋数间，有田数亩。用盆为池，以瓮为牖。

墙高于肩，室大于斗。布被暖余，藜羹饱后。

气吐胸中，充塞宇宙。笔落人间，辉映琼玖。

人能知止，以退为茂。我自不出，何退之有？

心无妄想，足无妄走。人无妄交，物无妄受。

炎炎论之，甘处其陋。绰绰言之，无出其右。

羲轩之书，未尝去手。尧舜之谈，未尝离口。

谭中和天，同乐易友。吟自在诗，饮欢喜酒。

百年升平，不为不偶。七十康彊，不为不寿。

中庭蕙草销雪，小苑梨花梦云。

以江湖相期，烟霞相许；

付同心之雅会，托意气之良游。

或闭户读书，累月不出；或登山玩水，竟日忘归。

斯贤达之素交，盖千秋之一遇。

荫映岩流之际，偃息琴书之侧，
寄心松竹，取乐鱼鸟，则淡泊之愿于是毕矣。

庭前幽花时发，披览既倦，每啜茗对之，
香色撩人，吟思忽起，遂歌一古诗，以适清兴。

凡静室，须前栽碧梧，后种翠竹，
前檐放步，北用暗窗，春冬闭之，
以避风雨，夏秋可开，以通凉爽。
然碧梧之趣，春冬落叶，以舒负暄融和之乐，
夏秋交荫，以蔽炎烁蒸烈之威，四时得宜，莫此为胜。

家有三亩园，花木郁郁。
客来煮茗，谈上都贵游、人间可喜事，
或茗寒酒冷，宾主相忘，
其居与山谷相望，暇则步草径相寻。

良辰美景，春暖秋凉；负杖蹑履，逍遥自乐。
临池观鱼，披林听鸟；酌酒一杯，弹琴一曲；
求数刻之乐，庶几居常以待终。
筑室数楹，编槿为篱，结茅为亭。
以三亩荫竹树栽花果，二亩种蔬菜，四壁清旷，
空诸所有，蓄山童灌园剃草，置二三胡床着亭下，
挟书剑伴孤寂，携琴奕以迟良友，此亦可以娱老。

一径阴开，势隐蛇蟺之致，云到成迷；
半阁孤悬，影回缥缈之观，星临可摘。

几分春色，全凭狂花疏柳安排；

一派秋容，总是红蓼白蘋妆点。

南湖水落，妆台之明月犹悬；
西郭烟销，绣榻之彩云不散。

秋竹沙中淡，寒山寺里深。

野旷天低树，江清月近人。

潭水寒生月，松风夜带秋。

春山艳冶如笑，夏山苍翠如滴，
秋山明净如妆，冬山惨淡如睡。

眇眇乎春山，淡冶而欲笑；
翔翔乎空丝，绰约而自飞。

盛暑持蒲，榻铺竹下，卧读《骚》[1]经，
树影筛风，浓阴蔽日，丛竹蝉声，远远相续，
蘧然入梦，醒来命取椷栉发，
汲石涧流泉，烹云芽一啜，觉两腋生风。
徐步草玄亭，芰荷出水，
风送清香，鱼戏冷泉，凌波跳掷。
因陟东皋之上，四望溪山罨画[2]，平野苍翠。
激气发于林瀑，好风送之水涯，手挥麈尾，清兴洒然。
不待法雨凉雪，使人火宅之念都冷。

---

① 《骚》：即屈原的《离骚》。
② 罨（yǎn）画：色彩鲜明的画作。

山曲小房，入园窈窕幽径，绿玉万竿。
中汇涧水为曲池，环池竹树云石，其后平冈逶迤，
古松鳞鬣，松下皆灌丛杂木，茑萝骈织，亭榭翼然。
夜半鹤唳清远，恍如宿花坞；
间闻哀猿啼啸，嘹呖惊霜，
初不辨其为城市、为山林也。

一抹万家，烟横树色，翠树欲流，
浅深间布，心目竞观，神情爽涤。

万里澄空，千峰开雾，山色如黛，风气如秋，
浓阴如幕，烟光如缕，笛响如鹤唳，经呗 ① 如咿唔，
温言如春絮，冷语如寒冰，此景不应虚掷。

山房置古琴一张，质虽非紫琼绿玉，
响不在焦尾号钟，置之石床，快作数弄。
深山无人，水流花开，清绝冷绝。

密竹轶云，长林蔽日，浅翠娇青，
笼烟惹湿，构数橼其间，竹树为篱，不复葺垣。
中有一泓流水，清可漱齿，曲可流觞，放歌其间，
离披蓊郁，神涤意闲。

抱影寒窗，霜夜不寐，徘徊松竹下。
四山月白露坠，冰柯相与，
咏李白《静夜思》，便觉冷然寒风。
就寝复坐蒲团，从松端看月，煮茗佐谈，竟此夜乐。

---

① 经呗（bài）：指僧人诵经，或诵经时发出的声音。

云晴暧叇①，石楚流滋，狂飙忽卷，珠雨淋漓。
黄昏孤灯明灭，山房清旷，意自悠然。
夜半松涛惊飓，蕉园鸣琅，窾坎之声，
疏密间发，愁乐交集，足写幽怀。

四林皆雪，登眺时见絮起风中，
千峰堆玉，鸦翻城角，万壑铺银。
无树飘花，片片绘子瞻之壁；
不妆散粉，点点糁原宪之羹。
飞霰入林，回风折竹，徘徊凝览，以发奇思。
画冒雪出云之势，呼松醪茗饮之景。
拥炉煨芋，欣然一饱，随作雪景一幅，以寄僧赏。

孤帆落照中，见青山映带，征鸿回渚，争栖竞啄，
宿水鸣云，声凄夜月，秋飙萧瑟，听之黯然，
遂使一夜西风，寒生露白。
万山深处，一泓涧水，四周削壁，石磴崭岩，
丛木蓊郁，老猿穴其中，
古松屈曲，高拂云颠，鹤来时栖其顶。
每晴初霜旦，林寒涧肃，高猿长啸，属引清风，
风声鹤唳，嘹呖惊霜，闻之令人凄绝。

春雨初霁，园林如洗，开扉闲望，
见绿畴麦浪层层，与湖头烟水相映带，
一派苍翠之色，或从树杪流来，或自溪边吐出。
支筇②散步，觉数十年尘土肺肠，俱为洗净。

---

① 暧叇（ài dài）：形容浓云蔽日。
② 筇（qióng）：古书记为一种竹子，可做竹杖。

四月有新笋、新茶、新寒豆、新含桃。
绿阴一片，黄鸟数声，乍晴乍雨，不暖不寒，
坐间非雅非俗，半醉半醒，尔时如从鹤背飞下耳。

名从刻竹，源分渭亩之云[①]；
倦以据梧，清梦郁林之石[②]。

夕阳林际，蕉叶堕而鹿眠；
点雪炉头，茶烟飘而鹤避。

高堂客散，虚户风来，门设不关，帘钩欲下。
横轩有狻猊之鼎，隐几皆龙马之文，
流览霄端，寓观濠上。

山经秋而转淡，秋入山而倍清。

山居有四法：
树无行次，石无位置，屋无宏肆，心无机事。

花有喜、怒、寤、寐、晓、夕，
浴花者得其候，乃为膏雨。
淡云薄日，夕阳佳月，花之晓也；
狂号连雨，烈焰浓寒，花之夕也；
檀唇烘日，媚体藏风，花之喜也；
晕酣神敛，烟色迷离，花之愁也；
欹枝困槛，如不胜风，花之梦也；

---

① 渭亩之云：指竹子，典出《史记·货殖列传》："渭川千亩竹。"言竹密如云貌。
② 郁林之石：比喻为官清廉。典出《新唐书·隐逸传》，陆绩曾任郁林太守，有廉名，
罢官归家渡海时，无资产填装压重，船轻无法渡海，故以石充之。

嫣然流盼，光华溢目，花之醒也。

海山微茫而隐见，江山严厉而峭卓；
溪山窈窕而幽深，塞山童赪 ① 而堆阜。
桂林之山，绵衍庞傅；江南之山，峻峭巧丽。
山之形色，不同如此。

杜门避影出山，一事不到，
梦寐间春昼花阴，猿鹤饱卧，亦五云之余荫。

白云徘徊，终日不去。
岩泉一支，潺湲斋中。
春之昼，秋之夕，既清且幽，
大得隐者之乐，惟恐一日移去。

与衲子辈坐林石上，谈因果，说公案。
久之，松际月来，振衣而起，
踏树影而归，此日便是虚度。

结庐人径，植杖山阿。
林壑，地之所丰；烟霞，性之所适。
荫丹桂，藉白茅，浊酒一杯，清琴数弄，诚足乐也。

辋水沦涟，与月上下；
寒山远火，明灭林外；
深巷小犬，吠声如豹。
村虚夜春，复与疏钟相间，
此时独坐，童仆静默。

---

① 童赪（chēng）：不长草木的赤土地。

东风开柳眼，黄鸟骂桃奴。

晴雪长松，开窗独坐，恍如身在冰壶；
斜阳芳草，携杖闲吟，信是人行图画。

小窗下修篁萧瑟，野鸟悲啼；
峭壁间醉墨淋漓，山灵呵护。

霜林之红树，秋水之白蘋。

云收便悠然共游，雨滴便冷然俱清；
鸟啼便欣然有会，花落便洒然有得。

千竿修竹，周遭半亩方塘；
一片白云，遮蔽五株柳垂。

山馆秋深，野鹤唳残清夜月；
江园春暮，杜鹃啼断落花风。

青山非僧不致，绿水无舟更幽；
朱门有客方尊，缁衣绝粮益韵。

杏花疏雨，杨柳轻风，兴到欣然独往；
村落烟横，沙滩月印，歌残倏尔言旋。

赏花酌酒，酒浮园菊凡三盏；
睡醒问月，月到庭梧第二枝。
此时此兴，亦复不浅。

几点飞鸦，归来绿树；
一行征雁，界破青天。

看山雨后，霁色一新，便觉青山倍秀；
玩月江中，波光千顷，顿令明月增辉。

楼台落日，山川出云。

玉树之长廊半阴，金陵之倒景犹赤。

小窗偃卧，月影到床，
或逗留于梧桐，或摇乱于杨柳；
翠华扑被，神骨俱仙，
及从竹里流来，如自苍云吐出。

清送素娥之环珮，逸移幽士之羽裳；
想思足慰于故人，清啸自纡于良夜。

绘雪者，不能绘其清；
绘月者，不能绘其明；
绘花者，不能绘其香；
绘风者，不能绘其声；
绘人者，不能绘其情。

读书宜楼，其快有五：
无剥啄之惊，一快也；
可远眺，二快也；
无湿气浸床，三快也；
木末竹颠，与鸟交语，四快也；
云霞宿高檐，五快也。

山径幽深，十里长松引路，不倩金张[1]；
俗态纠缠，一编残卷疗人，何须卢扁[2]。

喜方外之浩荡，叹人间之窘束。
逢阆苑之逸客，值蓬莱之故人。

忽据梧而策杖，亦披裘而负薪。

出芝田而计亩，入桃源而问津。
菊花两岸，松声一邱。叶动猿来，花惊鸟去。
阅邱壑之新趣，纵江湖之旧心。

篱边杖履送僧，花须列于巾角；
石上壶觞坐客，松子落我衣裾。

远山宜秋，近山宜春，高山宜雪，平山宜月。

珠帘蔽月，翻窥窈窕之花；
绮幔藏云，恐碍扶疏之柳。

松子为餐，蒲根可服。

烟霞润色，荃夷结芳。
出涧幽而泉冽，入山户而松凉。

---

① 金张：指金日磾和张安世，常用来比喻豪门贵族。典出《汉书·盖宽饶传》："上无许、史之属，下无金、张之托。"
② 卢扁：指名医扁鹊，因家住卢国，故称"卢扁"，世称"卢医"。泛指良医。

旭日始暖，蕙草可织；
园桃红点，流水碧色。

玩飞花之度窗，看春风之入柳；
命丽人于玉席，陈宝器于纨罗；
忽翔飞而暂隐，时凌空而更飚；
竹依窗而庭影，兰因风而送香；
风暂下而将飘，烟才高而不瞑。

悠扬绿柳，讶合浦之同归；
燎绕青霄，环五星之一气。

褥绣起于缇纺，烟霞生于灌莽。

卷七　集韵

　　人生斯世，不能读尽天下秘书灵笈。有目而昧，有口而哑，有耳而聋，而面上三斗俗尘，何时扫去？则韵之一字，其世人对症之药乎？虽然，今世且有焚香啜茗，清凉在口，尘俗在心，俨然自附于韵，亦何异三家村老姬，动口念阿弥，便云升天成佛也。集韵第七。

　　　　陈愷家蓄数姬，每日晚藏花一枝，
　　　　使诸姬射覆，中者留宿，时号"花媒"。

　　　　雪后寻梅，霜前访菊；
　　　　雨际护兰，风外听竹。

　　　　清斋幽闭，时时暮雨打梨花；
　　　　冷句忽来，字字秋风吹木叶。

　　　　多方分别，是非之窦易开；
　　　　一味圆融，人我之见不立。

　　　　春云宜山，夏云宜树，
　　　　秋云宜水，冬云宜野。

清疏畅快，月色最称风光；
潇洒风流，花情何如柳态。

春夜小窗兀坐，月上木兰有骨，凌冰怀人如玉。
因想"雪满山中高士卧，月明林下美人来"语，
此际光景颇似。

文房供具，借以快目适玩，
铺叠如市，颇损雅趣，其点缀之法，
罗罗清疏，方能得致。

香令人幽，酒令人远，茶令人爽，琴令人寂，
棋令人闲，剑令人侠，杖令人轻，麈令人雅，
月令人清，竹令人冷，花令人韵，石令人隽，
雪令人旷，僧令人淡，蒲团令人野，美人令人怜，
山水令人奇，书史令人博，金石鼎彝令人古。

吾斋之中，不尚虚礼，凡入此斋，均为知己。
随分款留，忘形笑语，不言是非，不侈荣利。
闲谈古今，静玩山水，清茶好酒，以适幽趣。
臭味之交，如斯而已。

窗宜竹雨声，亭宜松风声，
几宜洗砚声，榻宜翻书声，
月宜琴声，雪宜茶声，
春宜筝声，秋宜笛声，夜宜砧声。

鸡坛^①可以益学，鹤阵^②可以善兵。

翻经如壁观僧，饮酒如醉道士，
横琴如黄葛野人，肃客如碧桃渔父。

竹径款扉，柳阴班席。
每当雄才之处，明月停辉，浮云驻影。
退而与诸俊髦西湖靓媚，
赖此英雄，一洗粉泽。

云林^③性嗜茶，在惠山中，
用核桃、松子肉和白糖，成小块，
如石子，置茶中，出以啖客，
名曰清泉白石。

有花皆刺眼，无月便攒眉，当场得无妒我；
花归三寸管，月代五更灯，此事何可语人？

求校书于女史，论慷慨于青搂。

填不满贪海，攻不破疑城。

机息便有月到，风来不必苦海。
人世心远，自无车尘马迹，何须痼疾丘山？

---

① 鸡坛：交友拜盟，典出晋代周处《风土记》："越俗性率朴，初与人交，有礼，封土坛，祝曰：'卿虽乘车我戴笠，后日相逢下车揖。我步行，君乘马，他日相逢卿当下。'"
② 鹤阵：也叫鹤翼阵、鹤翼围，古代一种攻守兼备的阵形，左右展开如鹤之双翼，常用来包抄敌军。
③ 云林：即云林子，倪瓒之别号，富甲一方，元末明初诗人、画家，后散尽家财，浪迹太湖，与黄公望、王蒙、吴镇合称"元代四大家"。

郊中野坐，固可班荆；径里闲谈，最宜拂石。

侵云烟而独冷，移开清笑胡床，

藉竹木以成幽，撤去庄严莲坐。

幽心人似梅花，韵心士同杨柳。

情因年少，酒因境多。

看书筑得村楼，空山曲抱；

趺坐扫来花径，乱水斜穿。

倦时呼鹤舞，醉后倩僧扶。

笔床茶灶，不巾栉闭户潜夫^①；

宝轴牙签^②，少须眉下帷董子。

鸟衔幽梦远，只在数尺窗纱；

蛩递秋声悄，无言一龛灯火。

藉草班荆，安稳林泉之岁；

披裘拾穗，逍遥草泽之臞。

万绿阴中，小亭避暑；八闼洞开，几簟皆绿。

雨过蝉声来，花气令人醉。

---

① 潜夫：指隐士。汉代王符隐居著述三十余篇，以讽刺时政，为隐名姓，故取书名《潜夫论》。

② 牙签：古人系在书卷上的签牌，便于翻阅查览，多以木或竹为原料，亦有玉或牙骨的，作用类似今天的书签。

劐犀截雁①之舌锋，逐日追风之脚力。

瘦影疏而漏月，香阴气而堕风。

修竹到门云里寺，流泉入袖水中人。

诗题半作逃禅偈，酒价都为买药钱。

扫石月盈帚，滤泉花满筛。

流水有方能出世，名山如药可轻身。

与梅同瘦，与竹同清，与柳同眠，与桃李同笑，
居然花里神仙；
与莺同声，与燕同语，与鹤同唳，与鹦鹉同言，
如此话中知己。

栽花种竹，全凭诗格取裁；
听鸟观鱼，要在酒情打点。

登山遇厉瘴，放艇遇腥风；
抹竹遇缪丝，修花遇醒雾；
欢场遇害马，吟席遇伧夫；
若斯不遇，甚于泥涂。
偶集逢好花，踏歌逢明月；
席地逢软草，攀磴逢疏藤；
展卷逢静云，战茗逢新雨；
如此相逢，逾于知己。

---

① 劐（tuán）：割断，截断。

草色遍溪桥，醉得蜻蜓春翅软；
花风通驿路，迷来蝴蝶晓魂香。

田舍儿强作馨语，博得俗因；
风月场插入伧父^①，便成恶趣。

诗瘦到门邻，病鹤清影颇嘉；
书贫经座并，寒蝉雄风顿挫。

梅花入夜影萧疏，顿令月瘦；
柳絮当空晴恍忽，偏惹风狂。

花阴流影，散为半院舞衣；
水响飞音，听来一溪歌板。

萍花香里风清，几度渔歌；
杨柳影中月冷，数声牛笛。

谢将缥缈无归处，断浦沉云；
行到纷纭不系时，空山挂雨。

浑如花醉，潦倒何妨；
绝胜柳狂，风流自赏。

春光浓似酒，花故醉人；
夜色澄如水，月来洗俗。

----

① 伧父：粗鄙之人。晋南北朝时，南人讥讽北人粗俗，蔑称之"伧父"。

雨打梨花深闭门，怎生消遣；
分付梅花自主张，着甚牢骚？

对酒当歌，四座好风随月到；
脱巾露顶，一楼新雨带云来。

浣花溪内，洗十年游子衣尘；
修竹林中，定四海良朋交籍。

人语亦语，诋其昧于钳口；
人默亦默，訾其短于雌黄。

艳阳天气，是花皆堪酿酒；
绿阴深处，凡叶尽可题诗。

曲沼荇香侵月，未许鱼窥；
幽关松冷巢云，不劳鹤伴。

篇诗斗酒，何殊太白之丹丘；
扣舷吹箫，好继东坡之赤壁。

获佳文易，获文友难；
获文友易，获文姬难。

茶中着料，碗中着果，
譬如玉貌加脂，蛾眉着黛，翻累本色。
煎茶非漫浪，要须人品与茶相得，
故其法往往传于高流隐逸，
有烟霞泉石磊落胸次者。

楼前桐叶，散为一院清阴；
枕上鸟声，唤起半窗红日。

天然文锦，浪吹花港之鱼；
自在笙簧，风戛园林之竹。

高士流连，花木添清疏之致；
幽人剥啄，莓苔生黯淡之光。

松涧边携杖独往，立处云生破衲；
竹窗下枕书高卧，觉时月浸寒毡。

散履闲行，野鸟忘机时作伴；
披襟兀坐，白云无语谩相留。

客到茶烟起竹下，何嫌屐破苍苔；
诗成笔影弄花间，且喜歌飞《白雪》。

月有意而入窗，云无心而出岫。

屏绝外慕，偃息长林，置理乱于不闻，托清闲而自佚。
松轩竹坞，酒瓮茶铛，山月溪云，农蓑渔罟。

怪石为实友，名琴为和友；
好书为益友，奇画为观友；
法帖为范友，良砚为砺友；
宝镜为明友，净几为方友；
古磁为虚友，旧炉为熏友；
纸帐为素友，拂麈为静友。

扫径迎清风，登台邀明月。
琴觞之余，间以歌咏，
止许鸟语花香，来吾几榻耳。

风波尘俗，不到意中；
云水淡情，常来想外。

纸帐梅花，休惊他三春清梦；
笔床茶灶，可了我半日浮生。

酒浇清苦月，诗慰寂寥花。

好梦乍回，沉心未烬，
风雨如晦，竹响入床，此时兴复不浅。

山非高峻不佳，不远城市不佳，
不近林木不佳，无流泉不佳，
无寺观不佳，无云雾不佳，无樵牧不佳。

一室十圭，寒蛩声暗，折脚铛边，敲石无火，
水月在轩，灯魂未灭，揽衣独坐，如游皇古。
意思虚闲，世界清净；我身我心，了不可取。
此一境界，名最第一。

花枝送客蛙催鼓，竹籁喧林鸟报更，
谓山史实录。

遇月夜，露坐中庭，
心爇香一炷，可号伴月香。

襟韵洒落如晴雪，秋月尘埃不可犯。

峰峦窈窕，一拳便是名山；
花竹扶疏，半亩如同金谷。

观山水亦如读书，随其见趣高下。

名利场中羽客，人人输蔡泽一筹；
烟花队里仙流，个个让涣之独步。①

深山高居，炉香不可缺，
取老松柏之根枝实叶，共捣治之，
研风畔麝和之，每焚一丸，亦足助清苦。

白日羲皇世，青山绮皓②心。

松声，涧声，山禽声，
夜虫声，鹤声，琴声，
棋子落声，雨滴阶声，雪洒窗声，
煎茶声，皆声之至清，而读书声为最。

晓起入山，新流没岸；
棋声未尽，石磬依然。

松声竹韵，不浓不淡。

---

① 蔡泽：战国时秦相，始皇时曾出使燕国，号纲成君，信奉道家。涣之：即王之涣，典出唐薛用弱《集异记》之"旗亭壁画"。
② 绮皓：指绮里季吴实，与东园公唐秉、夏黄公崔广和用里先生周术并称"商山四皓"，都是秦始皇博士官，秦亡后归隐，信奉黄老。

何必丝与竹，山水有清音。

世路中人，或图功名，或治生产，尽自正经。
争奈大地间好风月、好山水、好书籍，
了不相涉，岂非枉却一生！

李岩老好睡。[1]
众人食罢下棋，岩老辄就枕，
阅数局乃一展转，云："我始一局，君几局矣？"

晚登秀江亭，澄波古木，
使人得意于尘埃之外，盖人闲景幽，
两相奇绝耳。

笔砚精良，人生一乐，徒设只觉村妆；
琴瑟在御，莫不静好，才陈便得天趣。

《蔡中郎》传，情思逶迤；
《北西厢记》，兴致流丽。[2]
学他描神写景，必先细味沉吟，
如曰寄趣本头，空博风流种子。

夜长无赖，徘徊蕉雨半窗；
日永多闲，打叠桐阴一院。

雨穿寒砌，夜来滴破愁心；

---

① 李岩老：宋时道士，生卒年及事迹不详，与苏轼有往来。典出苏轼《东坡志林·题李岩老》。
② 蔡中郎：东汉文学家蔡邕，字伯喈。《北西厢记》：即王实甫所著《西厢记》，全称《崔莺莺待月西厢记》。

雪洒虚窗，晓去散开清影。

春夜宜苦吟，宜焚香读书，宜与老僧说法，以销艳思。
夏夜宜闲谈，宜临水枯坐，宜听松声冷韵，以涤烦襟。
秋夜宜豪游，宜访快士，宜谈兵说剑，以除萧瑟。
冬夜宜茗战，宜酌酒说《三国》《水浒》《金瓶梅》诸集，
宜箸竹肉，以破孤岑。

玉之在璞，追琢则珪璋；
水之发源，疏浚则川沼。

山以虚而受，水以实而流，读书当作是观。

古之君子，行无友则友松竹，居无友则友云山；
余无友，则友古之友松竹、友云山者。

买舟载书，作无名钓徒。
每当草蓑月冷，
铁笛风清，觉张志和、陆天随去人未远。[1]

"今日鬓丝禅榻畔，茶烟轻飏落花风。"
此趣惟白香山得之。[2]

清姿如卧云餐雪，天地尽愧其尘污；
雅致如蕴玉含珠，日月转嫌其泄露。

---

[1] 张志和：唐代诗人，三岁能读，六岁能文，十六岁明经及第，母殁妻丧后弃官弃家，浪迹江湖。陆天随：即陆龟蒙，唐代诗人、农学家，《耒耜经》是其农学代表作。
[2] 这两句诗出自杜牧《题禅院》："觥船一棹百分空，十岁青春不负公。今日鬓丝禅榻畔，茶烟轻飏落花风。"白香山：指白居易，号香山居士。

焚香啜茗，自是吴中习气，雨窗却不可少。

茶取色臭俱佳，行家偏嫌味苦；
香须冲淡为雅，幽人最忌烟浓。

朱明之候，绿阴满林，科头散发，箕踞白眼，
坐长松下，萧骚流觞，正是宜人疏散之场。

读书夜坐，钟声远闻，
梵响相和，从林端来，洒洒窗几上，
化作天籁虚无矣。

夏日蝉声太烦，则弄萧随其韵转；
秋冬夜声寥飒，则操琴一曲咻之。

心清鉴底潇湘月，骨冷禅中太华秋。

语鸟名花，供四时之啸咏；
清泉白石，成一世之幽怀。

扫石烹泉，舌底朝朝茶味；
开窗染翰，眼前处处诗题。

权轻势去，何妨张雀罗于门前；
位高金多，自当效蛇行于郊外。
盖炎凉世态，本是常情，故人所浩叹，
惟宜付之冷笑耳。

溪畔轻风，沙汀印月，独往闲行，尝喜见渔家笑傲；
松花酿酒，春水煎茶，甘心藏拙，不复问人世兴衰。

手抚长松，仰视白云，
庭空鸟语，悠然自欣。

或夕阳篱落，或明月帘栊，
或雨夜联榻，或竹下传觞，
或青山当户，或白云可庭，
于斯时也，把臂促膝，
相知几人，谑语雄谈，快心千古。

疏帘清簟，销白昼惟有棋声；
幽径柴门，印苍苔只容屐齿。

落花慵扫，留衬苍苔；村酿新篘，取烧红叶。

幽径苍苔，杜门谢客；绿阴清昼，脱帽观诗。

烟萝挂月，静听猿啼；瀑布飞虹，闲观鹤浴。

帘卷八窗，面面云峰送碧；
塘开半亩，潇潇烟水涵清。

云衲高僧，泛水登山，或可藉以点缀；
如必莲座说法，则诗酒之间，自有禅趣，
不敢学苦行头陀，以作死灰。

遨游仙子，寒云几片束行妆；
高卧幽人，明月半床供枕簟。

落落者难合，一合便不可分；

欣欣者易亲，乍亲忽然成怨。
故君子之处世也，宁风霜自挟，无鱼鸟亲人。

海内殷勤，但读停云之赋；
目中寥廓，徒歌明月之诗。

生平愿无恙者四：
一曰青山，一曰故人，
一曰藏书，一曰名草。

闻暖语如挟纩①，闻冷语如饮冰，
闻重语如负山，闻危语如压卵，
闻温语如佩玉，闻益语如赠金。

旦起理花，午窗剪叶，或截草作字，夜卧忏罪，
令一日风流萧散之过，不致堕落。

快欲之事，无如饥餐；适情之时，莫过甘寝。
求多于清欲，即侈汰亦茫然也。

客来花外茗烟低，共销白昼；
酒到梁间歌雪绕，不负清尊。

云随羽客，在琼台双阙之间；
鹤唳芝田②，正桐阴灵虚之上。

---

① 挟纩（jiā kuàng）：原本是一道造棉工序，就是将丝绵装入衣衾内。后比喻收到
抚慰而感到温暖。
② 芝田：传说为仙人种植灵芝的园圃。桐阴灵虚：桐阴指凤凰栖息之地；灵虚犹太虚，
代指仙境。

卷八　集奇

　　我辈寂处窗下，视一切人世，俱若蟻蠓婴魄，不堪寓目。而有一奇文怪说，目数行下，便狂呼叫绝，令人喜，令人怒，更令人悲。低徊数过，床头短剑亦呜呜作龙虎吟，便觉人世一切不平，俱付烟水。集奇第八。

　　　　吕圣公之不问朝士名，张师亮之不发窃器奴，
　　　　韩稚圭之不易持烛兵，
　　　　不独雅量过人，正是用世高手。①

　　　　花看水影，竹看月影，美人看帘影。

　　　　佞佛若可忏罪，则刑官无权；
　　　　寻仙可以延年，则上帝无主。
　　　　达士尽其在我，至诚贵于自然。

　　　　以货财害子孙，不必操戈入室；
　　　　以学校杀后世，有如按剑伏兵。

　　　　君子不傲人以不如，不疑人以不肖。

----

① 吕圣公：即吕蒙正，北宋名臣，谥号"文穆"。张师亮：即张齐贤，北宋名臣，谥号"文定"。韩稚圭：即韩琦，北宋名臣，谥号"忠献"。三人政绩颇佳，都曾拜相。

读诸葛武侯《出师表》而不堕泪者，其人必不忠；
读韩退之《祭十二郎文》而不堕泪者，其人必不友。

世味非不浓艳，可以淡然处之。
独天下之伟人与奇物，
幸一见之，自不觉魄动心惊。

道上红尘，江中白浪，饶他南面百城；
花间明月，松下凉风，输我北窗一枕。

立言亦何容易，
必有包天包地、包千古、包来今之识；
必有惊天惊地、惊千古、惊来今之才；
必有破天破地、破千古、破来今之胆。

圣贤为骨，英雄为胆；日月为目，霹雳为舌。

瀑布天落，其喷也珠，其泻也练，其响也琴。

平易近人，会见神仙济度；
瞒心昧己，便有邪祟出来。

佳人飞去还奔月，骚客狂来欲上天。

涯如沙聚，响若潮吞。

诗书乃圣贤之供案，妻妾乃屋漏之史官。

强项者未必为穷之路，

屈膝者未必为通之媒。
故铜头铁面，君子落得做个君子；
奴颜婢膝，小人枉自做了小人。

有仙骨者，月亦能飞；
无真气者，形终如槁。

一世穷根，种在一捻傲骨；
千古笑端，伏于几个残牙。

石怪常疑虎，云闲却类僧。

大豪杰，舍己为人；
小丈夫，因人利己。

一段世情，全凭冷眼觑破；
几番幽趣，半从热肠换来。

识尽世间好人，读尽世间好书，看尽世间好山水。

舌头无骨，得言句之总持；
眼里有筋，具游戏之三昧。

群居闭口，独坐防心。

当场傀儡，还我为之；
大地众生，任渠笑骂。

三徙成名，笑范蠡碌碌浮生，
纵扁舟忘却五湖风月；

一朝解绶，羡渊明飘飘遗世，
命巾车归来满架琴书。

人生不得行胸怀，虽寿百岁犹夭也。

棋能避世，睡能忘世。
棋类耦耕之沮溺^①，去一不可；
睡同御风之列子，独往独来。

以一石一树与人者，非佳子弟。

一勺水，便具四海水味，世法不必尽尝；
千江月，总是一轮月光，心珠宜当独朗。

面上扫开十层甲，眉目才无可憎；
胸中涤去数斗尘，语言方觉有味。

愁非一种，春愁则天愁地愁；
怨有千般，闺怨则人怨鬼怨。
天懒云沉，雨昏花蹙，法界岂少愁云；
石颓山瘦，水枯木落，大地觉多窘况。

笋含禅味，喜坡仙玉版之参；^②
石结清盟，受米颠袍笏之辱。^③
文如临画，曾致诮于昔人；

---

①　沮溺：指长沮和桀溺两位隐士，后泛指隐士。典出《论语·微子》："长沮、桀溺耦而耕，孔子过之，使子路问津焉。"
②　"笋含"句：典出《冷斋夜话》，苏东坡由岭南归，路遇刘器之，烹笋谈禅。器之问："此笋何名？"东坡曰："即玉版也。此老师善说法，更令人得禅悦之味。"
③　"石结"句：指米芾拜一奇石为兄的典故，米颠是其别号。

诗类书抄，竟沿流于今日。

缃绨递满而改头换面，兹律既湮；
缥帙动盈而活剥生吞，斯风亦坠。
先读经，后可读史；
非作文，未可作诗。[①]

俗气入骨，即吞刀刮肠，饮灰洗胃，觉俗态之益呈；
正气效灵，即刀锯在前，鼎镬具后，见英风之益露。

于琴得道机，于棋得兵机，
于卦得神机，于兰得仙机。

相禅遐思唐虞，战争大笑楚汉；
梦中蕉鹿犹真，觉后莼鲈一幻。

世界极于大千，不知大千之外更有何物？
天宫极于非想，不知非想之上毕竟何穷？

千载奇逢，无如好书良友；
一生清福，只在茗碗炉烟。

作梦则天地亦不醒，何论文章？
为客则洪濛无主人，何有章句？

艳出浦之轻莲，丽穿波之半月。

---

① 缃绨（xiāng tí）、缥帙（piǎo zhì）：两者都是传统书籍的函套，由丝织品制成，颜色有别，此处为书之代指。递：古代指驿车。

云气恍堆窗里岫，绝胜看山；

泉声疑泻竹间樽，贤于对酒。

杖底唯云，囊中唯月，不劳关市之讥；[①]

石筒藏书，池塘洗墨，岂供山泽之税。[②]

有此世界，必不可无此传奇；

有此传奇，乃可维此世界，则传奇所关非小，

正可藉口《西厢》一卷，以为风流谈资。

非穷愁不能著书，当孤愤不宜说剑。

湖山之佳，无如清晓春时。

常乘月至馆，景生残夜，

水映岑楼，而翠黛临阶，

吹流衣袂，莺声鸟韵，催起哄然。

披衣步林中，则曙光薄户，

明霞射几，轻风微散，海旭乍来。

见沿堤春草霏霏，明媚如织，

远岫朗润出沐，长江浩渺无涯，

岚光晴气，舒展不一，大是奇绝。

心无机事，案有好书，

饱食晏眠，时清体健，此是上界真人。

读《春秋》，在人事上见天理；

读《周易》，在天理上见人事。

---

① 关市之讥：关市稽查，典出《孟子·梁惠王》："昔者文王之治岐也，耕者
九一，仕者世禄，关市讥而不征。"
② 山泽之税：战国时秦国赋税类别之一，当时山川林泽均属国有，由政府派专人管理，
因时开禁。

则何益矣，茗战有如酒兵 ①；
试妄言之，谈空不若说鬼。

镜花水月，若使慧眼看透；
笔彩剑光，肯教壮志销磨。

烈士须一剑，则芙蓉赤精 ②，而不惜千金构之；
士人惟寸管，映日干云之器，那得不重值相索。③
委形无寄，但教鹿豕为群；
壮志有怀，莫遣草木同朽。

哄日吐霞，吞河漱月，
气开地震，声动天发。

议论先辈，毕竟没学问之人；
奖惜后生，定然关世道之寄。

贫富之交，可以情谅，鲍子所以让金；
贵贱之间，易以势移，管宁所以割席。

论名节，则缓急之事小；
较生死，则名节之论微。
但知为饿夫以采南山之薇，

---

① 酒兵：指酒，典出《南史·陈暄传》："故江谘议有言：'酒犹兵也。兵可千日而不用，不可一日而不备；酒可千日而不饮，不可一饮而不醉。'"
② 芙蓉赤精：即芙蓉剑，后代指利剑。东汉袁康《越绝书·外传·记宝剑》载，相剑高手薛烛"手振拂，扬其华，捽如芙蓉始出"。
③ 寸管：毛笔的别称。映日干云：本义是碧空万里，阳光明媚，引申为登科及第，飞黄腾达。

不必为枯鱼以需西江之水。

儒有一亩之宫①，自不妨草茅下贱；
士无三寸之舌，何用此土木形骸。

鹏为羽杰，鲲称介豪；翼遮半天，背负重霄。

怜之一字，吾不乐受，盖有才而徒受人怜，无用可知；
傲之一字，吾不敢矜，盖有才而徒以资傲，无用可知。

问近日讲章②孰佳，坐一块蒲团自佳；
问吾侪严师孰尊，对一枝红烛自尊。

点破无稽不根之论，只须冷语半言；
看透阴阳颠倒之行，惟此冷眼一只。

古之钓也，以圣贤为竿，道德为纶，
仁义为钩，利禄为饵，四海为池，万民为鱼。
钓道微矣，非圣人其孰能之。

既稍云于清汉，亦倒影于华池。

浮云回度，开月影而弯环；
骤雨横飞，挟星精而摇动。

天台嵘起，绕之以赤霞；

---

① 一亩之宫：即陋室，典出《礼记·儒行》："儒有一亩之宫，环堵之室，筚门圭窬，蓬户瓮牖。"
② 讲章：讲经释书的讲义，徐咸《西园杂记》："祭酒陆深奏讲官讲章不宜辅臣改窜，使得自尽其愚，因以观其学术邪正。"

削成孤峙，覆之以莲花。

金河别雁，铜柱辞鸢；
关山夭骨，霜木凋年。①

翻飞倒影，擢菡萏于湖中；
舒艳腾辉，攒螮蝀②于天畔。

照万象于晴初，散寥天于日余。

---

① "金河别雁"指苏武出使匈奴被扣事；"铜柱辞鸢"指马援击交阯立铜柱事。引
自卢照邻《秋霖赋》："嗟乎！子卿北海，伏波南川；金河别雁，铜柱辞鸢；关山夭骨，
霜木凋年。眺穷阴兮断地，看积水兮连天。"
② 螮蝀（dì dòng）：虹之别名。

卷九　集绮

　　朱楼绿幕，笑语勾别座之香；越舞吴歌，巧舌吐莲花之艳。此身如在怨脸愁房、红妆翠袖之间，若远若近，为之黯然。嗟乎！又何怪乎身当其际者，拥玉床之翠而心迷，听伶人之奏而陨涕乎？集绮第九。

　　　　天台花好，阮郎却无计再来；
　　　　巫峡云深，宋玉只有情空赋。
　　　　瞻碧云之黯黯，觅神女其何踪；
　　　　睹明月之娟娟，问嫦娥而不应。

　　　　妆台正对书楼，隔池有影；
　　　　绣户相通绮户，望眼多情。

　　　　莲开并蒂，影怜池上鸳鸯；
　　　　缕结同心，日丽屏间孔雀。

　　　　堂上鸣《琴操》①，久弹乎《孤凤》②；
　　　　邑中制锦纹，重织于双鸾。

---

① 《琴操》：古代琴曲名。
② 《孤凤》：古代琴曲名，又名《孤鸾》《离鸾》《双凤离鸾》，西汉安庆世所作。

镜想分鸾，琴悲《别鹤》①。

春透水波明，寒峭花枝瘦。
极目烟中百尺楼，人在楼中否？

明月当楼，高眠如避，惜哉夜光暗投；
芳树交窗，把玩无主，嗟矣红颜薄命。

鸟语听其涩时，怜娇情之未啭；
蝉声闻已断处，愁孤节之渐消。

断雨断云，惊魄三春蝶梦；
花开花落，悲歌一夜鹃啼。

衲子飞觞历乱，解脱于樽斝②之间；
钗行挥翰淋漓，风神在笔墨之外。

养纸芙蓉粉，薰衣豆蔻香。

流苏帐底，披之而夜月窥人；
玉镜台前，讽之而朝烟萦树。
风流夸坠髻，时世斗啼眉。

新垒桃花红粉薄，隔楼芳草雪衣凉。

李后主宫人秋水，喜簪异花，芳拂髻鬟，

---

① 语出何逊《为衡山侯与妇书》："镜想分鸾，琴悲《别鹤》，心如膏火，独夜自煎。"
分鸾：指夫妻分离。《别鹤》：即《别鹤操》，乐府琴曲名，喻夫妻离散。
② 斝（jiǎ）：古代一种青铜酒器，一鋬，两柱，三足，口圆似喇叭。

尝有粉蝶聚其间，扑之不去。

濯足清流，芹香飞涧；
浣花新水，蝶粉迷波。

昔人有花中十友：
桂为仙友，莲为净友，梅为清友，
菊为逸友，海棠名友，荼蘼韵友，
瑞香殊友，芝兰芳友，腊梅奇友，栀子禅友。
昔人有禽中五客：
鸥为闲客，鹤为仙客，鹭为雪客，
孔雀南客，鹦鹉陇客。
会花鸟之情，真是天趣活泼。

风笙龙管，蜀锦齐纨。

木香盛开，把杯独坐其下，遥令青奴吹笛，
止留一小奚侍酒，才少斟酌，便退立迎春架后。
花看半开，酒饮微醉。

夜来月下卧醒，花影零乱，
满人襟袖，疑如濯魄于冰壶。

看花步，男子当作女人；寻花步，女人当作男子。

窗前俊石冷然，可代高人把臂；
槛外名花绰约，无烦美女分香。

新调初裁，歌儿持板待的；
阄题方启，佳人捧砚濡毫。

绝世风流，当场豪举。

野花艳目，不必牡丹；
村酒醉人，何须绿蚁。

石鼓池边，小草无名可斗；
板桥柳外，飞花有阵堪题。

桃红李白，疏篱细雨初来；
燕紫莺黄，老树斜风乍透。

窗外梅开，喜有骚人弄笛；
石边积雪，还须小妓烹茶。

高楼对月，邻女秋砧；
古寺闻钟，山僧晓梵。

佳人病怯，不耐春寒；
豪客多情，尤怜夜饮。
李太白之宝花宜障①，光孟祖之狗窦堪呼。②

古人养笔，以硫黄酒；
养纸，以芙蓉粉；
养砚，以文绫盖；

---

① 宝花宜障：据《开元天宝遗事》载，唐宁王李宪，本名李成器，有乐妓曰宠姐，秘不示人。一次宴上，李白酒酣欲见宠姐，王设七宝花障，令宠姐于障后歌之。李白谢曰："虽不许见面，闻其声亦幸矣！"
② 狗窦堪呼：光逸，字孟祖，晋朝时人。据《晋书·光逸传》载，光逸去访胡毋辅之等七友，门人不允，其于狗洞子里大叫。胡毋辅之答曰："他人决不能尔，必我孟祖也！"遂邀入门，昼夜饮酒，时人谓之"八达"。

养墨，以豹皮囊。
小斋何暇及此！
惟有时书以养笔，时磨以养墨，
时洗以养砚，时舒卷以养纸。

芭蕉近日则易枯，迎风则易破。
小院背阴，半掩竹窗，分外青翠。

欧公香饼[①]，吾其熟火无烟；
颜氏隐囊[②]，我则斗花以布。

梅额生香，已堪饮爵；草堂飞雪，更可题诗。
七种之羹[③]，呼起袁生之卧[④]；
六花之饼，敢迎王子之舟[⑤]。
豪饮竟日，赋诗而散；佳人半醉，美女新妆。
月下弹瑟，石边侍酒。
烹雪之茶，果然剩有寒香；
争春之馆，自是堪来花叹。

黄鸟让其声歌，青山学其眉黛。

浅翠娇青，笼烟惹湿；清可漱齿，曲可流觞。

风开柳眼，露浥桃腮，黄鹂呼春，

---

① 欧公香饼：即欧阳修在《归田录》中记载的一种用以焚香的石炭。
② 颜氏隐囊：即颜之推在《颜氏家训》中记载的一种靠枕。
③ 七种之羹：即七宝羹，古人于农历正月初七用七种蔬菜拌米粉作羹，饮食风俗始于晋代。
④ 袁生之卧：指东汉袁安困雪的典故。
⑤ 王子之舟：指王子猷雪夜乘舟访戴安道，兴尽而返的典故。

青鸟送雨，海棠嫩紫，芍药嫣红，宜其春也。

碧荷铸钱，绿柳缫丝，龙孙^①脱壳，

鸠妇唤晴，雨骤黄梅，日蒸绿李，宜其夏也。

槐阴未断，雁信初来，秋英无言，

晓露欲结，蓐收^②避席，青女^③办妆，宜其秋也。

桂子风高，芦花月老，溪毛碧瘦，

山骨苍寒，千岩见梅，一雪欲腊，宜其冬也。

风翻贝叶，绝胜北阙除书；

水滴莲花，何似华清宫漏。

画屋曲房，拥炉列坐。

鞭车行酒，分队征歌。

一笑千金，樗蒲^④百万。

名妓持笺，玉儿捧砚。

淋漓挥洒，水月流虹。

我醉欲眠，鼠奔鸟窜。

罗襦轻解，鼻息如雷。

此一境界，亦足赏心。

柳花燕子，贴地欲飞；

画扇练裙，避人欲进。此春游第一风光也。

花颜缥缈，欺树里之春风；

银焰荧煌，却城头之晓色。

---

① 龙孙：指竹子。
② 蓐收：上古传说中掌管秋收的神。
③ 青女：上古传说中掌管霜雪的神。
④ 樗（chū）蒲：古代博戏，后多指赌博。

乌纱帽挟红袖登山，前人自多风致。

笔阵生云，词锋卷雾。

楚江巫峡半云雨，清簟疏帘看弈棋。

美丰仪人，如三春新柳，濯濯风前。

涧险无平石，山深足细泉。
短松犹百尺，少鹤已千年。

清文满箧，非惟芍药之花；
新制连篇，宁止葡萄之树。

梅花舒两岁之装，柏叶泛三光之酒。
飘飖余雪，入箫管以成歌；
皎洁轻冰，对蟾光而写镜。

鹤有累心犹被斥，梅无高韵也遭删。

分果车中，毕竟借他人面孔；
捉刀床侧，终须露自己心胸。

雪滚花飞，缭绕歌楼，飘扑僧舍，
点点共酒旆悠扬，阵阵追燕莺飞舞。
沾泥逐水，岂特可入诗料，要知色身幻影，
是即风里杨花、浮生燕垒①。

---

① 燕垒：燕子的泥巢，比喻脆弱。

水绿霞红处，仙犬忽惊人，吠入桃花去。

九重仙诏，休教丹凤衔来；
一片野心，已被白云留住。

香吹梅渚千峰雪，清映冰壶百尺帘。

避客偶然抛竹屦，邀僧时一上花船。

到来都是泪，过去即成尘；
秋色生鸿雁，江声冷白蘋。

斗草春风，才子愁销书带翠；
采菱秋水，佳人疑动镜花香。

竹粉映琅玕①之碧，胜新妆流媚，曾无掩面于花宫；
花珠凝翡翠之盘，虽什袭②非珍，可免探颔于龙藏③。

因花整帽，借柳维船。

绕梦落花消雨色，一尊芳草送晴曛。

争春开宴，罢来花有叹声；
水国谈经，听去鱼多乐意。

无端泪下，三更山月老猿啼；

---

① 琅玕：翠竹的美称。
② 什袭：将物品一层层包裹起来，以示珍贵。
③ 探颔于龙藏：典出《庄子·列御寇》："夫千金之珠，必在九重之渊，而骊龙颔下，子能得珠者，必遭其睡也。"

蓦地娇来，一月泥香新燕语。

燕子刚来，春光惹恨；
雁臣甫聚，秋思惨人。

韩嫣金弹，误了饥寒人多少奔驰；
潘岳果车，增了少年人多少颜色。①

微风醒酒，好雨催诗；
生韵生情，怀颇不恶。

苎罗村里，对娇歌艳舞之山；
若耶溪边，拂浓抹淡妆之水。

春归何处，街头愁杀卖花；
客落他乡，河畔生憎折柳。

论到高华，但说黄金能结客；
看来薄命，非关红袖嫩撩人。

同气之求，惟刺平原于锦绣；
同声之应，徒铸子期以黄金。

胸中不平之气，说倩山禽；
世上叵测之机，藏之烟柳。

祛长夜之恶魔，女郎说剑；

---

① 韩嫣：韩信曾孙，汉武帝时臣子。潘岳：即潘安，西晋文学家，被誉为"古代第一美男"。

销千秋之热血，学士谈禅。

论声之韵者，曰溪声、涧声、竹声、松声、
山禽声、幽壑声、芭蕉雨声、落花声、落叶声，
皆天地之清籁，诗坛之鼓吹也。
然销魂之听，当以卖花声为第一。

石上酒花，几片湿云凝夜色；
松间人语，数声宿鸟动朝喧。

媚字极韵，但出以清致，则窈窕俱见风神，
附以妖娆，则做作毕露丑态。
如芙蓉媚秋水，绿篠媚清涟，方不着迹。

武士无刀兵气，书生无寒酸气，
女郎无脂粉气，山人无烟霞气，
僧家无香火气，换出一番世界，便为世上不可少之人。

情词之娴美，《西厢》以后，
无如《玉合》《紫钗》《牡丹亭》三传。
置之案头，可以挽文思之枯涩，
收神情之懒散。

俊石贵有画意，老树贵有禅意，
韵士贵有酒意，美人贵有诗意。

红颜未老，早随桃李嫁春风；
黄卷将残，莫向桑榆怜暮景。

销魂之音，丝竹不如著肉，

然而风月山水间，别有清魂。
销于清响，即子晋之笙，湘灵之瑟，
董双成之云璈，犹属下乘。
娇歌艳曲，不益混乱耳根。

风惊蟋蟀，闻织妇之鸣机；
月满蟾蜍，见天河之弄杼。

高僧筒里送诗，突地天花坠落；
韵妓扇头寄画，隔江山雨飞来。
酒有难悬之色，花有独蕴之香。
以此想红颜媚骨，便可得之格外。

客斋使令，翔七宝妆 ① 理茶具，
响松风于蟹眼，浮雪花于兔毫。②

每到日中重掠鬓，袯衣骑马试官廊。

绝世风流，当场豪举。
世路既如此，但有肝胆向人；
清议可奈何，曾无口舌造业。

花抽珠渐落，珠悬花更生；
风来香转散，风度焰还轻。

莹以玉琇，饰以金英；

---

① 七宝妆：佩戴了多种珠宝的妆式。
② 蟹眼：煮茶有三沸，候汤第一沸，气泡如鱼目、如蟹眼。兔毫：即兔毫盏，一种彩釉瓷茶盏，纹理细密，状似兔毫。

绿芰^①悬插，红蕖倒生。

浮沧海兮气浑，映青山兮色乱。

纷黄庭之霍霏，隐重廊之窈窕；
青陆至而莺啼，朱阳升而花笑。^②

紫蒂红蕤，玉蕊苍枝。

视莲潭之变彩，见松院之生凉；
引惊蝉于宝瑟，宿兰燕于瑶筐。

蒲团布衲，难于少时存老去之禅心；
玉剑角弓，贵于老时任少年之侠气。

---

① 芰（jì）：古书上指菱。
② 出自唐代卢照邻《同崔少监作双槿树赋》一文。霍（huò）霏：草木随风摇摆貌。
青陆：即青道，指春天。

卷十　集豪

今世矩视尺步之辈，与夫守株待兔之流，是不束缚而阱者也。宇宙寥寥，求一豪者，安得哉？家徒四壁，一掷千金，豪之胆；兴酣落笔，泼墨千言，豪之才；我才必用，黄金复来，豪之识。夫豪既不可得，而后世倜傥之士，或以一言一字写其不平，又安与沉沉故纸同为销没乎？集豪第十。

桃花马上春衫，少年侠气；
贝叶斋中夜衲，老去禅心。

岳色江声，富煞胸中邱壑；
松阴花影，争残局上山河。

骥虽伏枥，足能千里；
鹄即垂翅，志在九霄。

个个题诗，写不尽千秋花月；
人人作画，描不完大地江山。

慷慨之气，龙泉知我；
忧煎之思，毛颖①解人。

不能用世而故为玩世，只恐遇着真英雄；
不能经世而故为欺世，只好对着假豪杰。

绿酒但倾，何妨易醉？
黄金既散，何论复来？

诗酒兴将残，剩却楼头几明月；
登临情不已，平分江上半青山。

闲行消白日，悬李贺呕字之囊；
搔首问青天，携谢朓惊人之句。

假英雄专哕②不鸣之剑，若尔锋铓，
遇真人而落胆；
穷豪杰惯作无米之炊，此等作用，
当大计而扬眉。

深居远俗，尚愁移山有文；
纵饮达旦，犹笑醉乡无记。

风会日靡，试具宋广平之石肠；
世道莫容，请收姜伯约之大胆。③

---

① 毛颖：即毛笔，因以兔毫制成，故名。
② 哕（xuè）：类似用嘴吹物品发出的微声。
③ 宋广平：唐玄宗时名相，曾封广平郡公，故称。姜伯约：即姜维，三国时蜀汉名将，后被魏兵所杀。

藜床半穿，管宁真吾师乎？
轩冕必顾，华歆询非友也。①

车尘马足之下，露出丑形；
深山穷谷之中，剩些真影。

吐虹霓之气者，贵挟风霜之色；
依日月之光者，毋怀雨露之私。

清襟凝远，卷秋江万顷之波；
妙笔纵横，挽昆仑一峰之秀。

闻鸡起舞，刘琨其壮士之雄心乎？
闻筝起舞，迦叶其开士之素心乎？②

友偏天下英杰之士，读尽人间未见之书。

读书倦时须看剑，英发之气不磨；
作文苦际可歌诗，郁结之怀随畅。

交友须带三分侠气，作人要存一点素心。

栖守道德者，寂寞一时；
依阿权势者，凄凉万古。

深山穷谷，能老经济才猷；

---

① 管宁：汉末至三国时著名隐士，著有《氏姓论》。华歆：汉末至三国时魏国名臣，与管宁、卢植、郑玄等是同门。
② 刘琨：晋代政治家，善文，精通音律。迦叶：原为释迦牟尼佛座下弟子，名迦叶者有五；此处应代指高僧或菩萨，非具体所指。

绝壑断崖，难隐灵文奇字。

王门之杂吹，非竽梦连魏阙；
郢路之飞声，无调羞向楚囚。

肝胆煦若春风，虽囊乏一文，
还怜茕独，气骨清如秋水。

献策金门苦未收，归心日夜水东流；
扁舟载得愁千斛，闻说君王不税愁。

世事不堪评，披卷神游千古上；
尘氛应可却，闭门心在万山中。

负心满天地，辜他一片热肠；
恋态自古今，悬此两只冷眼。

龙津一剑，尚作合于风雷。
胸中数万甲兵，宁终老于牖下。
此中空洞原无物，何止容卿数百人。

英雄未转之雄图，假糟邱为霸业；
风流不尽之余韵，托花谷为深山。

红润口脂，花蕊乍过微雨；
翠匀眉黛，柳条徐拂轻风。

满腹有文难骂鬼，措身无地反忧天。

大丈夫居世，生当封侯，死当庙食。

不然，闲居可以养志，诗书足以自娱。

不恨我不见古人，惟恨古人不见我。

荣枯得丧，天意安排，浮云过太虚也；
用舍行藏[1]，吾心镇定，砥柱在中流乎？

曹曾[2]积石为仓以藏书，名"曹氏石仓"。

丈夫须有远图，眼孔如轮，可怪处堂燕雀；
豪杰宁无壮志，风棱似铁，不忧当道豺狼。

云长香火，千载遍于华夷；
坡老姓字，至今口于妇孺。
意气精神，不可磨灭。

据床嗒尔[3]，听豪士之谈锋；
把盏惺然，看酒人之醉态。

登高远眺，吊古寻幽；
广胸中之邱壑，游物外之文章。

雪霁清境，发于梦想。
此间但有荒山大江，修竹古木。

每饮村酒后，曳杖放脚，不知远近，亦旷然天真。

---

① 用舍行藏：一种处世态度，任用则出世，不用则退隐。典出《论语·述而》："用
之则行，舍之则藏，唯我与尔有是夫。"
② 曹曾：东汉藏书家，字伯山，官至谏议大夫，门徒众多。
③ 嗒尔：指物我两忘。

须眉之士，在世宁使乡里小儿怒骂，不当使乡里小儿见怜。

胡宗宪①读《汉书》，至终军②请缨事，乃起拍案曰：
"男儿双脚当从此处插入，其他皆狼藉耳！"

宋海翁③才高嗜酒，睥睨当世。
忽乘醉泛舟海上，仰天大笑，曰："吾七尺之躯，
岂世间凡士所能贮？合以大海葬之耳！"
遂按波而入。

王仲祖有好形仪，每览镜自照，
曰："王文开那生宁馨儿？"④

毛澄⑤七岁善属对，诸喜之者赠以金钱，
归掷之曰："吾犹薄苏秦斗大，安事此邓通靡靡！"

梁公实⑥荐一士于李于麟，士欲以谢梁，
曰："吾有长生术，不惜为公授。"
梁曰："吾名在天地间，只恐盛着不了，安用长生？"

吴正子⑦穷居一室，门环流水，跨木而渡，渡毕即抽之。

---

① 胡宗宪：明代嘉靖时人，官至兵部尚书和右都御史，抗倭名将。
② 终军：西汉少年政治家、外交家，出使南越劝服南越王归汉时，遭南越丞相吕嘉反对，被杀。
③ 宋海翁：即宋登春，字应元，明代诗人、画家。
④ 王仲祖：即王蒙，字仲祖，东晋名士。王文开：王仲祖之父王讷，字文开。宁馨儿：犹言这样的孩子，赞誉词。
⑤ 毛澄：明代中期人物，字宪清，号白斋，晚年更号三江。
⑥ 梁公实：即梁有誉，字公实，号兰汀，明代文学家。
⑦ 吴正子：南宋时人物，生卒年及事迹不详，其注解《李长吉诗歌》为第一部李贺诗集注本。

人问故，笑曰："土舟浅小，恐不胜富贵人来踏耳！"

吾有目有足，山川风月，吾所能到，
我便是山川风月主人。

大丈夫当雄飞，安能雌伏？

青莲登华山落雁峰，曰："呼吸之气，想通帝座。
恨不携谢眺惊人之诗来，搔首问青天耳！"

志欲枭逆虏，枕戈待旦，常恐祖生①，先我着鞭。

旨言不显，经济多托之工瞽篘荛②；
高踪不落，英雄常混之渔樵耕牧。

高言成啸虎之风，豪举破涌山之浪。

立言者，未必即成千古之业，吾取其有千古之心；
好客者，未必即尽四海之交，吾取其有四海之愿。

管城子无食肉相，世人皮相何为？
孔方兄有绝交书，今日盟交安在？③

襟怀贵疏朗，不宜太逞豪华；

---

① 祖生：即东晋名将祖逖，字士稚，建武时曾率部北伐，收复河南等大片领土，后遭忌惮，忧愤而死。
② 工瞽：古代乐官。篘荛：割草伐薪，代指乡野之民。
③ 管城子：典故名，韩愈曾写《毛颖传》，言毛笔被封于管城，曰"管城子"，后为毛笔之代称。孔方兄：中国古代铜钱外圆内方，故称，含鄙视意。这两句均出自黄庭坚《戏呈孔毅父》一诗。

文字要雄奇，不宜故求寂寞。

悬榻待贤士，岂曰交情已乎；
投辖^①留好宾，不过酒兴而已。

才以气雄，品由心定。

为文而欲一世之人好，吾悲其为文；
为人而欲一世之人好，吾悲其为人。

济笔海则为舟航，骋文囿则为羽翼。

胸中无三万卷书，眼中无天下奇山川，
未必能文，纵能，亦无豪杰语耳。

山厨失斧，断之以剑。
客至无枕，解琴自供。
盥盆溃散，磬为注洗。
盖不暖足，覆之以簧。

孟宗^②少游学，其母制十二幅被，
以招贤士共卧，庶得闻君子之言。

张炳雾于海际，耀光景于河渚；

---

① 投辖：投辖留客，比喻主人好客。典出《汉书·游侠列传·陈遵》："遵嗜酒，每大饮，宾客满堂，辄关门，取客车辖投井中，虽有急，终不得去。"辖，车轴键，无辖则车不能行。
② 孟宗：三国时吴国人物，二十四孝之"哭竹生笋"就是讲述孟宗寒冬为其母求笋的故事。

乘天梁而皓荡，叩帝阍而延伫。①

声誉可尽，江天不可尽；
丹青可穷，山色不可穷。

闻秋空鹤唳，令人逸骨仙仙；
看海上龙腾，觉我壮心勃勃。

明月在天，秋声在树，珠箔卷啸倚高楼；
苍苔在地，春酒在壶，玉山颓醉眠芳草。

胸中自是奇，乘风破浪，平吞万顷苍茫；
脚底由来阔，历险穷幽，飞度千寻香霭。

松风涧雨，九霄外声闻环珮，清我吟魂；
海市蜃楼，万水中一幅画图，供吾醉眼。

每从白门②归，见江山逶迤，草木苍郁，人常言佳，
我觉是别离人肠中一段酸楚气耳。

人每诮余腕中有鬼，余谓鬼自无端入吾腕中，
吾腕中未尝有鬼也。
人每责余目中无人，余谓人自不屑入吾目中，
吾目中未尝无人也。

天下无不虚之山，惟虚故高而易峻；
天下无不实之水，惟实故流而不竭。

---

① 天梁：星座名，五行属土，主寿与贵。帝阍：传说中掌管天门之人，代指天门。
② 白门：南朝宋都城建康（今南京）宣阳门的俗称，代指建康。

放不出憎人面孔，落在酒杯；
丢不下怜世心肠，寄之诗句。

春到十千美酒，为花洗妆；
夜来一片名香，与月熏魄。

忍到熟处则忧患消，谈到真时则天地赘。

醺醺熟读《离骚》，孝伯^①外敢曰"并皆名士"；
碌碌常承色笑，阿奴^②辈果然尽是佳儿。

剑雄万敌，笔扫千军。

飞禽铩翮，犹爱惜乎羽毛；
志士捐生，终不忘乎老骥。

敢于世上放开眼，不向人间浪皱眉。

缥缈孤鸿，影来窗际。开户从之，明月入怀。
花枝零乱，朗吟枫落。吴江之句，令人凄绝。

云破月窥花好处，夜深花睡月明中。

---

① 孝伯：即王恭，字孝伯，典出《世说新语·任诞》："名士不必称奇才，但使常得无事，痛饮酒，熟读《离骚》，便可称名士。"
② 阿奴：即周谟，小名阿奴，晋代人。典出《世说新语·识鉴》："周伯仁母冬至举酒赐三子曰：'吾本谓度江托足无所，尔家有相，尔等并罗列吾前，复何忧？'周嵩起，长跪而泣曰：'不如阿奴言。伯仁为人忘大而才短，名重而识暗，好乘人之弊，此非自全之道；嵩性狼抗，已不容于世，唯阿奴碌碌，当在阿母目下耳。'"

三春花鸟犹堪赏，千古文章只自知；
文章自是堪千古，花鸟三春只几时。

士大夫胸中无三斗墨，何以运管城？
然恐酝酿宿陈，出之无光泽耳。

攫金于市者，见金而不见人；
剖身藏珠者，爱珠而忘自爱。
与夫决性命以饕富贵，纵嗜欲以戕生者何异？

说不尽山水好景，但付沉吟；
当不起世态炎凉，惟有闭户。

杀得人者，方能生人；有恩者必然有怨。
若使不阴不阳，随世波靡，
肉菩萨出世，于世何补？此生何用？

李太白云："天生我才必有用，黄金散尽还复来。"
又云："一生性僻耽佳句，语不惊人死不休。"①
豪杰不可不解此语。

天下固有父兄不能囿之豪杰，必无师友不可化之愚蒙。
谐友于天伦之外，元章呼石为兄；
奔走于世途之中，庄生喻尘以马。②

词人半肩行李，收拾秋水春云；
深宫一世梳妆，恼乱晚花新柳。

---

① "又云"句：这句是杜甫《江上值水如海势聊短述》一诗中的名句，非指李白云。
② 元章：即米芾，北宋著名的书法家、画家，别号"米颠"。

得意不必人知，兴来书自圣；
纵口何关世议，醉后语犹颠。

英雄尚不肯以一身受天公之颠倒，
吾辈奈何以一身受世人之提掇？
是堪指发，未可低眉。

能为世必不可少之人，
能为人必不可及之事，则庶几此生不虚。

儿女情，英雄气，并行不悖；
或柔肠，或侠骨，总是吾徒。

上马横槊，下马作赋，自是英雄本色；
熟读《离骚》，痛饮浊酒，果然名士风流。

诗狂空古今，酒狂空天地。

处世当于热地思冷，出世当于冷地求热。

我辈腹中之气，亦不可少，要不必用耳。
若蜜口，真妇人事哉。

办大事者，匪独以意气胜，盖亦其智略绝也，
故负气雄行，力足以折公侯，
出奇制算，事足以骇耳目。
如此人者，俱千古矣。
嗟嗟！今世徒虚语耳。

说剑谈兵，今生恨少封侯骨；
登高对酒，此日休吟烈士歌。

身许为知己死，一剑夷门①，到今侠骨香仍古；
腰不为督邮折，五斗彭泽②，从古高风清至今。

剑击秋风，四壁如闻鬼啸；
琴弹夜月，空山引动猿号。

壮志愤懑难消，高人情深一往。

先达笑弹冠，休向侯门轻曳裾；
相知犹按剑，莫从世路暗投珠。

---

① 一剑夷门：战国时魏都东门有一小史，为报信陵君知遇之恩，献窃符救赵之计，
行军前自刎。
② 五斗彭泽：陶渊明曾任彭泽令，因不愿为五斗米折腰，后挂印辞官，归之田园。

卷十一 集法

　　自方袍幅巾①之态遍满天下，而超脱颖绝之士，遂以同污合流矫之，而世道已不古矣。夫迂腐者，既泥于法，而超脱者，又越于法。然则士君子亦不偏不倚，期无所泥越则已矣，何必方袍幅巾，作此迂态耶？集法第十一。

　　　　世无乏才之世，以通天达地之精神，
　　　　而辅之以拔十得五之法眼，
　　　　一心可以交万友，二心不可以交一友。

　　　　凡事留不尽之意，则机圆；
　　　　凡物留不尽之意，则用裕；
　　　　凡情留不尽之意，则味深；
　　　　凡言留不尽之意，则致远；
　　　　凡兴留不尽之意，则趣多；
　　　　凡才留不尽之意，则神满。

　　　　有世法，有世缘，有世情。
　　　　缘非情则易断；情非法则易流。

　　　　世多理所难必之事，莫执宋人道学；

---

① 方袍幅巾：方袍是僧人装束，幅巾是道士装束，代指方外之人。

世多情所难通之事，莫说晋人风流。

与其以衣冠误国，不若以布衣关世；
与其以林下而矜冠裳，不若以廊庙而标泉石。

眼界愈大，心肠愈小；
地位愈高，举止愈卑。

少年人要心忙，忙则摄浮气；
老年人要心闲，闲则乐余年。

晋人清谈，宋人理学，
以晋人遣俗，以宋人禔躬，[①]
合之双美，分之两伤也。

莫行心上过不去事，莫存事上行不去心。

忙处事为，常向闲中先检点；
动时念想，预从静里密操持。
青天白日处节义，自暗室屋漏中培来；
旋乾转坤的经纶，自临深履薄处操出。

以积货财之心积学问，
以求功名之念求道德，
以爱子之心爱父母，
以保爵位之策保国家。

才智英敏者，宜以学问摄其躁；

---

① 禔（zhī）躬：修身、安身。

气节激昂者，当以德性融其偏。

何以下达，惟有饰非；
何以上达，无如改过。

一点不忍的念头，是生民生物之根芽；
一段不为的气象，是撑天撑地之柱石。

君子对青天而惧，闻雷霆而不惊；
履平地而恐，涉风波而不疑。

不可乘喜而轻诺，不可因醉而生嗔；
不可乘快而多事，不可因倦而鲜终。

意防虑如拨，口防言如遏，
身防染如夺，行防过如割。

白沙在泥，与之俱黑，渐染之习久矣；
他山之石，可以攻玉，切磋之力大焉。

后生辈胸中，落意气两字，
有以趣胜者，有以味胜者。
然宁饶于味，而无饶于趣。

芳树不用买，韶光贫可支。

寡思虑以养神，剪欲色以养精，靖言语以养气。

立身高一步方超达，处世退一步方安乐。

士君子贫不能济物者，遇人痴迷处，出一言提醒之；
遇人急难处，出一言解救之，亦是无量功德。

救既败之事者，如驭临崖之马，休轻策一鞭；
图垂成之功者，如挽上滩之舟，莫少停一棹。

是非邪正之交，少迁就则失从违之正；
利害得失之会，太分明则起趋避之私。

事系幽隐，要思回护他，着不得一点攻讦的念头；
人属寒微，要思矜礼他，着不得一毫傲睨的气象。

毋似小嫌而疏至戚，毋以新怨而忘旧恩。

礼义廉耻，可以律己，不可以绳人。
律己则寡过，绳人则寡合。

凡事韬晦，不独益己，抑且益人；
凡事表暴①，不独损人，抑且损己。

觉人之诈，不形于言；
受人之侮，不动于色。
此中有无穷意味，亦有无穷受用。

爵位不宜太盛，太盛则危；
能事不宜尽毕，尽毕则衰。

遇故旧之交，意气要愈新；

---

① 表暴：暴露，显示。

处隐微之事，心迹宜愈显；
待衰朽之人，恩礼要愈隆。

用人不宜刻，刻则思效者去；
交友不宜滥，滥则贡谀者来。

忧勤是美德，太苦则无以适性怡情；
澹泊是高风，太枯则无以济人利物。

作人要脱俗，不可存一矫俗之心；
应世要随时，不可起一趋时之念。

从师延名士，鲜垂教之实益；
为徒攀高第，少受诲之真心。

男子有德便是才，女子无才便是德。

病中之趣味，不可不尝；
穷途之景界，不可不历。

才人国士，既负不群之才，定负不羁之行，
是以才稍压众则忌心生，行稍违时则侧目至。
死后声名，空誉墓中之骸骨；
穷途潦倒，谁怜官外之蛾眉。

贵人之交贫士也，骄色易露；
贫士之交贵人也，傲骨当存。

君子处身，宁人负己，己无负人；
小人处事，宁己负人，无人负己。

砚神曰淬妃；墨神曰回氏；

纸神曰尚卿；

笔神曰昌化，又曰佩阿。

要治世，半部《论语》；

要出世，一卷《南华》。^①

祸莫大于纵己之欲，恶莫大于言人之非。

求见知于人世易，求真知于自己难；

求粉饰于耳目易，求无愧于隐微难。

圣人之言，须常将来^②眼头过，口头转，心头运。

与其巧持于末，不若拙戒于初。

君子有三惜：

此生不学，一可惜；

此日闲过，二可惜；

此身一败，三可惜。

昼观诸妻子，夜卜诸梦寐；

两者无愧，始可言学。

士大夫三日不读书，则礼义不交，

便觉面目可憎，语言无味。

---

① 南华：即《南华经》，本名《庄子》，道家经典。

② 将来：拿来，带来。宋元时期的口头用语。

与其密面交，不若亲谅友；

与其施新恩，不若还旧债。

士人当使王公闻名多而识面少，

宁使王公讶其不来，毋使王公厌其不去。

见人有得意事，便当生忻喜心；

见人有失意事，便当生怜悯心：

皆自己真实受用处。

忌成乐败，徒自坏心术耳。

恩重难酬，名高难称。

待客之礼当存古意，

止一鸡一黍，酒数行，食饭而罢。

以此为法。

处心不可着，着则偏；

作事不可尽，尽则穷。

士人所贵，节行为大。

轩冕失之，有时而复来；

节行失之，终身不可得矣。

势不可倚尽，言不可道尽，

福不可享尽，事不可处尽，意味偏长。

静坐，然后知平日之气浮；

守默，然后知平日之言躁；

省事，然后知平日之费闲；
闭户，然后知平日之交滥；
寡欲，然后知平日之病多；
近情，然后知平日之念刻。

喜时之言多失信，怒时之言多失体。

泛交则多费，多费则多营，
多营则多求，多求则多辱。

一字不可轻与人，一言不可轻语人，一笑不可轻假人。

正以处心，廉以律己，
忠以事君，恭以事长，
信以接物，宽以待下，
敬以治事，此居官之七要也。

圣人成大事业者，从战战兢兢之小心来。

酒入舌出，舌出言失，言失身弃。
余以为弃身，不如弃酒。

青天白日，和风庆云，
不特人多喜色，即鸟鹊且有好音。
若暴风怒雨，疾雷掣电，鸟亦投林，人皆闭户。
故君子以太和元气为主。

胸中落意气两字，则交游定不得力；
落骚雅二字，则读书定不得深心。

交友之先宜察，交友之后宜信。

惟俭可以助廉，惟恕可以成德。

惟书不问贵贱贫富老少：
观书一卷，则有一卷之益；
观书一日，则有一日之益。

坦易其心胸，率真其笑语，
疏野其礼数，简少其交游。

好丑不可太明，议论不可务尽，
情势不可殚竭，好恶不可骤施。

不风之波，开眼之梦，皆能增进道心。

开口讥诮人，是轻薄第一件，
不惟丧德，亦足丧身。

人之恩可念不可忘，人之仇可忘不可念。

不能受言者，不可轻与一言，此是善交法。

君子于人，当于有过中求无过，
不当于无过中求有过。

我能容人，人在我范围，报之在我，不报在我；
人若容我，我在人范围，不报不知，报之不知。
自重者然后人重，人轻者由我自轻。

高明性多疏脱，须学精严；
狷介常苦迂拘，当思圆转。

欲做精金美玉的人品，定从烈火锻来；
思立揭地掀天的事功，须向薄冰履过。

性不可纵，怒不可留，
语不可激，饮不可过。

能轻富贵，不能轻一轻富贵之心；
能重名义，又复重一重名义之念；
是事境之尘氛未扫，而心境之芥蒂未忘。
此处拔除不净，恐石去而草复生矣。

纷扰固溺志之场，而枯寂亦槁心之地。
故学者当栖心玄默，以宁吾真体；
亦当适志恬愉，以养吾圆机。

昨日之非不可留，留之则根烬复萌，
而尘情终累乎理趣；
今日之是不可执，执之则渣滓未化，
而理趣反转为欲根。

待小人不难于严，而难于不恶；
待君子不难于恭，而难于有礼。

市私恩，不如扶公议；
结新知，不如敦旧好；
立荣名，不如种隐德；
尚奇节，不如谨庸行。

有一念而犯鬼神之忌，一言而伤天地之和，
一事而酿子孙之祸者，最宜切戒。

不实心，不成事；
不虚心，不知事。

老成人受病，在作意步趋；
少年人受病，在假意超脱。

为善有表里始终之异，不过假好人；
为恶无表里始终之异，倒是硬汉子。

入心处咫尺玄门，得意时千古快事。

《水浒传》何所不有，却无破老一事，
非关缺陷，恰是酒肉汉本色。
如此益知作者之妙。

世间会讨便宜人，必是吃过亏者。

书是同人，每读一篇，自觉寝食有味；
佛为老友，但窥半偈，转思前境真空。

衣垢不湔，器缺不补，对人犹有惭色；
行垢不湔①，德缺不补，对天岂无愧心！

天地俱不醒，落得昏沉醉梦；

---

① 湔（jiān）：洗。

洪濛率是客，枉寻寥廓主人。

老成人必典必则，半步可规；
气闷人不吐不茹^①，一时难对。

重友者，交时极难，看得难，以故转重；
轻友者，交时极易，看得易，以故转轻。

近以静事而约己，远以惜福而延生。

掩户焚香，清福已具；
如无福者，定生他想；
更有福者，辅以读书。

国家用人，犹农家积粟。
粟积于丰年，乃可济饥；
才储于平时，乃可济用。

考人品，要在五伦上见。
此处得，则小过不足疵；
此处失，则众长不足录。

国家尊名节，奖恬退，虽一时未见其效，
然当患难仓卒之际，终赖其用。
如禄山之乱，河北二十四郡皆望风奔溃，
而抗节不挠者，止一颜真卿；
明皇初不识其人，则所谓名节者，

———————

① 不吐不茹：指人刚正不阿。典出《诗经·大雅·烝民》："人亦有言，柔则茹之，
刚则吐之。维仲山甫，柔亦不茹，刚亦不吐，不侮矜寡，不畏强御。"

亦未尝不自恬退中得来也。
故奖恬退者，乃所以励名节。

志不可一日坠，心不可一日放。

辩不如讷，语不如默，动不如静，忙不如闲。

以无累之神，合有道之器，
宫商暂离，不可得已。

精神清旺，境境都有会心；
志气昏愚，处处俱成梦幻。

酒能乱性，佛家戒之；酒能养气，仙家饮之。
余于无酒时学佛，有酒时学仙。

烈士不馁，正气以饱其腹；
清士不寒，青史以暖其躬；
义士不死，天君以生其骸。
总之手悬胸中之日月，以任世上之风波。

孟郊有句云："青山碾为尘，白日无闲人。"
于邺云："白日若不落，红尘应更深。"
又云："如逢幽隐处，似遇独醒人。"
王维云："行到水穷处，坐看云起时。"
又云："明月松间照，清泉石上流。"
皎然云："少时不见山，便觉无奇趣。"
每一吟讽，逸思翩翩。

卷十二　集倩

倩不可多得，美人有其韵，名花有其致，青山绿水有其丰标。外则山癯①韵士，当情景相会之时，偶出一语，亦莫不尽其韵，极其致，领略其丰标。可以启名花之笑，可以佐美人之歌，可以发山水之清音，而又何可多得？集倩第十二。

会心处，自有濠濮间想，无可亲人鱼鸟；
偃卧时，便是羲皇上人，何必夏月凉风。

一轩明月，花影参差，席地便宜小酌；
十里青山，鸟声断续，寻春几度长吟。

入山采药，临水捕鱼，绿树阴中鸟道；
扫石弹琴，卷帘看鹤，白云深处人家。

沙村竹色，明月如霜，携幽人杖藜散步；
石屋松阴，白云似雪，对孤鹤扫榻高眠。

焚香看书，人事都尽，隔帘花落，
松梢月上，钟声忽度；
推窗仰视，河汉流云，大胜昼时，

---

① 癯（qú）：形容瘦。

卷十二　集倩 // 183

非有洗心涤虑得意爻象之表者，不可独契此语。

纸窗竹屋，夏葛冬裘，
饭后黑甜，日中白醉，足矣！

收碣石之宿雾，敛苍梧之夕云。
八月灵槎，泛寒光而静去；
三山神阙，湛清影以遥连。[1]

空三楚之暮天，楼中历历；
满六朝之故地，草际悠悠。

秋水岸移新钓舫，藕花洲拂旧荷裳。
心深不灭三年字[2]，病浅难销寸步香。

赵飞燕歌舞自赏，仙风留于绤裙；
韩昭侯[3]矉笑不轻，俭德昭于敝裤。
皆以一物著名，局面相去甚远。

翠微僧至，衲衣皆染松云；
斗室残经，石磬半沉蕉雨。

黄鸟情多，常向梦中呼醉客；
白云意懒，偏来僻处媚幽人。

---

① 本节摘自宋代阮昌龄《海不扬波赋》一文。八月灵槎：传说八月按期乘槎可通往天河，也指飞仙。三山神阙：指仙人居所，典出《史记·秦始皇本纪》："齐人徐市等上书，言海中有三神山，名曰蓬莱、方丈、瀛洲，仙人居之。"
② 心深不灭三年字：心思深沉，难忘多年前的字迹。典出《古诗十九首·孟冬寒气至》："置书怀袖中，三年字不灭。一心抱区区，惧君不识察。"
③ 韩昭侯：战国时韩国第六任君主，在位期间，励精图治，国力甚强。

乐意相关禽对语，生香不断树交花，
是无彼无此真机；
野色更无山隔断，天光常与水相连，
此彻上彻下真境。

美女不尚铅华，似疏云之映淡月；
禅师不落空寂，若碧沼之吐青莲。

书者喜谈画，定能以画法作书；
酒人好论茶，定能以茶法饮酒。

诗用方言，岂是采风之子；
谈邻徘语，恐贻拂麈之羞。

肥壤植梅，花茂而其韵不古；
沃土种竹，枝盛而其质不坚。
竹径松篱，尽堪娱目，何非一段清闲；
园亭池榭，仅可容身，便是半生受用。

南涧科头，可任半帘明月；
北窗坦腹，还须一榻清风。

披帙横风榻，邀棋坐雨窗。

洛阳每遇梨花时，人多携酒树下，
曰："为梨花洗妆。"

绿染林皋，红销溪水。
几声好鸟斜阳外，一簇春风小院中。

有客到柴门，清尊^①开江上之月；
无人剪蒿径，孤榻对雨中之山。

恨留山鸟，啼百卉之春红；
愁寄陇云，锁四天之暮碧。

涧口有泉常饮鹤，山头无地不栽花。

双杵茶烟，具载陆君之灶；
半床松月，且窥扬子之书。

寻雪后之梅，几忙骚客；
访霜前之菊，颇惬幽人。

帐中苏合^②，全消雀尾之炉；
槛外游丝，半织龙须^③之席。

瘦竹如幽人，幽花如处女。

晨起推窗，红雨乱飞，闲花笑也；
绿树有声，闲鸟啼也；
烟岚灭没，闲云度也；
藻荇可数，闲池静也；
风细帘青，林空月印，闲庭峭也。
山扉昼扃，而剥啄每多闲侣；

---

① 清尊：也写作"清樽"或"清罇"，本为酒器，代指清酒。
② 苏合：一种中药，也可作香料。
③ 龙须：即龙须草，可入药、造纸、编席等，其名最早见于《神农本草经》。

帖括因人，而几案每多闲编。

绣佛长斋，禅心释谛，而念多闲想，语多闲词。

闲中滋味，洵足乐也。

鄙吝一消，白云亦可赠客；

渣滓尽化，明月亦来照人。

水流云在，想子美①千载高标；

月到风来，忆尧夫②一时雅致。

何以消天上之清风朗月，酒盏诗筒；

何以谢人间之覆雨翻云，闭门高卧。

高客留连，花木添清疏之致；

幽人剥啄，莓苔生淡冶之容。

雨中连榻，花下飞觞。

进艇长波，散发弄月。

紫箫玉笛，飒起中流。

白露可餐，天河在袖。

午夜箕踞松下，依依皎月，

时来亲人，亦复快然自适。

香宜远焚，茶宜旋煮，山宜秋登。

中郎赏花，云：

---

① 子美：即"诗圣"杜甫，字子美，自号少陵野老。

② 尧夫：即邵雍，北宋理学家，与周敦颐、张载、程颢、程颐并称"北宋五子"。

"茗赏上也，谈赏次也，酒赏下也。茶越而崇酒，
及一切庸秽凡俗之语，此花神之深恶痛斥者。
宁闭口枯坐，勿遭花恼，可也。
赏花有地有时，不得其时而漫然命客，皆为唐突。
寒花宜初雪，宜雨霁，宜新月，宜暖房；
温花宜晴日，宜轻寒，宜华堂；
暑花宜雨后，宜快风，宜佳木浓阴，宜竹下，宜水阁；
凉花宜爽月，宜夕阳，宜空阶，宜苔径，宜古藤巉石边。
若不论风日，不择佳地，神气散缓，
了不相属，比于妓舍酒馆中花，何异哉！"①

云霞争变，风雨横天；
终日静坐，清风洒然。

妙笛至山水佳处，马上临风，快作数弄。

心中事，眼中景，意中人。

园花按时开放，因即其佳称待之以客：
梅花索笑客，桃花销恨客，杏花倚云客，
水仙凌波客，牡丹酬酒客，芍药占春客，
萱草忘忧客，莲花禅社客，葵花丹心客，
海棠昌州客，桂花青云客，菊花招隐客，
兰花幽谷客，酴醾②清叙客，腊梅远寄客。
须是身闲，方可称为主人。

---

① 中郎：即袁宏道，字中郎，与其兄袁宗道、弟袁中道并称"公安二袁"。此节引
自袁宏道《瓶史·清赏》；稍有出入。
② 酴醾（tú mí）：古书上指重酿的酒。

马蹄入树鸟梦堕，月色满桥人影来。

无事当看韵书，有酒当邀韵友。

红蓼滩头，青林古岸，西风扑面，风雪打头，
披蓑顶笠，执竿烟水，俨然在米芾《寒江独钓图》中。

冯惟一①以杯酒自娱，
酒酣即弹琵琶，弹罢赋诗，诗成起舞。
时人爱其俊逸。

风下松而合曲，泉萦石而生文。

秋风解缆，极目芦苇，白露横江，情景凄绝。
孤雁惊飞，秋色远近，泊舟卧听，沽酒呼卢，
一切尘事，都付秋水芦花。

设禅榻二，一自适，一待朋。
朋若未至，则悬之。
敢曰："陈蕃之榻，悬待孺子；②
长史之榻，专设休源。"③
亦惟禅榻之侧，不容着俗人膝耳。
诗魔酒颠，赖此榻祛醒。

---

① 冯惟一：即冯吉，五代末北宋初时人物，善文，精草书和隶书。因志难展，常饮酒自娱，
酒酣弹琵琶，弹罢赋诗，诗成即舞，时人慕其俊逸，谓之"三绝"。
② "陈蕃"句：孺子即徐稚，该典故源自陈蕃多次赠粮徐稚，后者"非自力而不食"，
遂转赠贫家，传为美谈。王勃《滕王阁序》有"人杰地灵，徐儒下陈蕃之榻"的名句。
③ "长史"句：该典故源自南朝孔休源任晋安王长史时，晋安王对其十分倚重，专
设一榻，曰："此是孔长史坐。"

留连野水之烟，淡荡寒山之月。

春夏之交，散行麦野；
秋冬之际，微醉稻场。
欣看麦浪之翻银，积翠直侵衣带；
快睹稻香之覆地，新醅欲溢尊罍。
每来得趣于庄村，宁去置身于草野。

羁客在云村，蕉雨点点，如奏笙竽，声极可爱。
山人读《易》《礼》，斗后骑鹤以至，不减闻《韶》也。

阴茂树，濯寒泉，溯冷风，宁不爽然洒然！

韵言一展卷间，恍坐冰壶而观龙藏^①。

春来新笋，细可供茶；
雨后奇花，肥堪待客。

赏花须结豪友，观妓须结淡友，
登山须结逸友，泛舟须结旷友，
对月须结冷友，待雪须结艳友，
捉酒须结韵友。

问客写药方，非关多病；
闭门听野史，只为偷闲。

岁行尽矣，风雨凄然，
纸窗竹屋，灯火青荧，

---

① 龙藏：藏于龙宫的佛教经典，代指佛经。

时于此间得小趣。

山鸟每夜五更喧起五次，
谓之报更，盖山间率真漏声也。

分韵题诗，花前酒后；
闭门放鹤，主去客来。

插花着瓶中，令俯仰高下，斜正疏密，
皆有意态，得画家写生之趣方佳。

法饮宜舒，放饮宜雅，病饮宜少，
愁饮宜醉，春饮宜郊，夏饮宜洞，
秋饮宜舟，冬饮宜室，夜饮宜月。

甘酒以待病客，
辣酒以待饮客，苦酒以待豪客，
淡酒以待清客，浊酒以待俗客。

仙人好楼居，须岧峣①轩敞，
八面玲珑，舒目披襟，
有物外之观，霞表之胜。
宜对山，宜临水，宜待月；
宜观霞，宜夕阳，宜雪月；
宜岸帻观书，宜倚栏吹笛；
宜焚香静坐，宜挥麈清谈；
江干宜帆影，山郁宜烟岚；
院落宜杨柳，寺观宜松篁；

――――――――

① 岧峣（tiáo yáo）：也作"岹峣"，山高峻貌。

溪边宜渔樵、宜鹭鸶，

花前宜娉婷、宜鹦鹉；

宜翠雾霏微，宜银河清浅；

宜万里无云，长空如洗；

宜千林雨过，叠障如新；

宜高插江天，宜斜连城郭；

宜开窗眺海日，宜露顶卧天风；

宜啸，宜咏，宜终日敲棋；

宜酒，宜诗，宜清宵对榻。

良夜风清，石床独坐，花香暗度，松影参差。

黄鹤楼可以不登，张怀民^①可以不访，

《满庭芳》可以不歌。

茅屋竹窗，一榻清风邀客；

茶炉药灶，半帘明月窥人。

娟娟花露，晓湿芒鞋；

瑟瑟松风，凉生枕簟。

绿叶斜披，桃叶渡头，一片弄残秋月；

青帘高挂，杏花村里，几回典却春衣。

杨花飞入珠帘，帨巾洗砚；

诗草吟成锦字，烧竹煎茶。

---

① 张怀民：北宋时人物，与苏轼交。曾于住所旁筑亭，以便观览江山美景，苏轼名
曰"快哉亭"。

良友相聚，或解衣盘礴①，或分韵角险②，
顷之貌出青山，吟成丽句，从旁品题之，大是开心事。

木枕傲，石枕冷，瓦枕粗，竹枕鸣。
以藤为骨，以漆为肤，其背圆而滑，其额方而通。
此蒙庄之蝶庵③，华阳之睡几④。

小桥月上，仰盼星光，浮云往来，
掩映于牛渚之间，别是一种晚眺。

医俗病莫如书，赠酒狂莫如月。

明窗净几，好香苦茗，有时与高衲谈禅；
豆棚菜圃，暖日和风，无事听友人说鬼。

花事乍开乍落，月色乍阴乍晴，兴未阑，踌躇搔首；
诗篇半拙半工，酒态半醒半醉，身方健，潦倒放怀。

湾月宜寒潭，宜绝壁，宜高阁，宜平台，宜窗纱，宜帘钩；
宜苔阶，宜花砌，宜小酌，宜清谈，
宜长啸，宜独往，宜搔首，宜促膝。
春月宜尊罍，夏月宜枕簟，秋月宜砧杵，冬月宜图书。
楼月宜萧，江月宜笛，寺院月宜笙，书斋月宜琴。
闺闱月宜纱橱，勾栏月宜弦索，

---

① 解衣盘礴：袒胸露臂，席地盘坐，本是中国画术语，比喻全神贯注于绘画。典出《庄子·田子方》。
② 分韵角险：古代文人互相较量文笔诗才的文艺活动。分韵是数人相约赋诗，择若干字为韵，分拈韵字，然后依韵字作诗；角险是采用分题、分韵、联句、禁体等形式赋诗，以角才之高赛。
③ 蒙庄之蝶庵：蒙庄即庄子；蝶庵是五代后唐宰相李愚的居室名，取庄周梦蝶之典。
④ 华阳：指南朝齐梁间陶弘景，自号"华阳居士"，思想倾于道家，亦杂有儒、佛两家观点。最大功绩在于整理医学典籍。

关山月宜帆樯，沙场月宜刁斗^①。

花月宜佳人，松月宜道者，萝月宜隐逸，桂月宜俊英；

山月宜老衲，湖月宜良朋，风月宜杨柳，雪月宜梅花。

片月宜花梢，宜楼头，宜浅水，宜杖藜，宜幽人，宜孤鸿。

满月宜江边，宜苑内，宜绮筵，宜华灯，宜醉客，宜妙妓。

佛经云："细烧沉水，毋令见火。"此烧香三昧语。

石上藤萝，墙头薜荔，小窗幽致，绝胜深山，

加以明月清风，物外之情，尽堪闲适。

出世之法，无如闭关。

计一园手掌大，草木蒙茸，

禽鱼往来，矮屋临水，展书匡坐，

几于避秦，与人世隔。

山上须泉，径中须竹。

读史不可无酒，谈禅不可无美人。

幽居虽非绝世，而一切使令供具交游晤对之事，似出世外。

花为婢仆，鸟为笑谈；

溪潋涧流代酒肴烹炼，书史作师保，竹石质友朋；

雨声云影，松风萝月，为一时豪兴之歌舞。

情景固浓，然亦清趣。

蓬窗夜启，月白于霜，渔火沙汀，寒星如聚。

忘却客子作楚，但欣烟水留人。

---

① 刁斗：古代军中的一种铜制工具，白天可当锅使，晚上可敲击以巡逻。

无欲者其言清，无累者其言达。
口耳巽入，灵窍忽启，故曰：
不为俗情所染，方能说法度人。

临流晓坐，欸乃忽闻；
山川之情，勃然不禁。

舞罢缠头何所赠，折得松钗；
饮余酒债莫能偿，拾来榆荚。

午罢无人知处，明月催诗；
三春有客来时，香风散酒。

如何清色界，一泓碧水含空；
那可断游踪，半砌青苔瀰雨。

村花路柳，游子衣上之尘；
山雾江云，行李担头之色。

何处得真情，买笑不如买愁；
谁人效死力，使功不如使过。

芒鞋甫挂，忽想翠微之色，两足复绕山云；
兰棹方停，忽闻新涨之波，一叶仍飘烟水。

旨愈浓而情愈淡者，霜林之红树；
臭愈近而神愈远者，秋水之白蘋。

龙女濯冰绡，一带水痕寒不耐；
姮娥携宝药，半囊月魄影犹香。

山馆秋深，野鹤唳残清夜月；
江园春暮，杜鹃啼断落花风。

石洞寻真，绿玉嵌乌藤之杖；
苔矶垂钓，红翎间白鹭之蓑。

晚村人语，远归白社之烟；
晓市花声，惊破红楼之梦。

案头峰石，四壁冷浸烟云，何与胸中丘壑；
枕边溪涧，半榻寒生瀑布，争如舌底鸣泉。

扁舟空载，赢却关津不税愁；
孤杖深穿，揽得烟云闲入梦。

幽堂昼密，清风忽来好伴；
虚窗夜朗，明月不减故人。

晓入梁王之苑，雪满群山；
夜登庾亮之楼，月明千里。

名妓翻经，老僧酿酒，书生借箸谈兵 [1]，
介胄登高作赋，羡他雅致偏增；
屠门食素，狙侩论文，厮养盛服领缘，
方外束修怀刺，令我风流顿减。[2]

---

[1] 借箸谈兵：为君王筹谋国事，典出《史记·留侯世家》，张良曰："臣请借前箸，
为大王筹之。"
[2] 狙侩：奸诈狡猾之徒。

高卧酒楼，红日不催诗梦醒；
漫书花楣，白云恒带墨痕香。

相美人如相花，贵清艳而有若远若近之思；
看高人如看竹，贵潇洒而有不密不疏之致。

梅称清绝，多却罗浮一段妖魂；
竹本萧疏，不耐湘妃数点愁泪。

穷秀才生活，整日荒年；
老山人出游，一派熟路。

眉端扬未得，庶几在山月吐时；
眼界放开来，只好向水云深处。

刘伯伦携壶荷锸，死便埋我，真酒人哉；
王武仲闭关护花，不许踏破，直花奴耳。

一声秋雨，一声秋雁，消不得一室清灯；
一月春花，一池春草，绕乱却一生春梦。

夭桃红杏，一时分付东风；
翠竹黄花，从此永为闲伴。

花影零乱，香魂夜发，辴然①而喜。
烛既尽，不能寐也。

———————

① 辴（chǎn）然：微笑貌。

花阴流影，散为半院舞衣；
水响飞音，听来一溪歌板。

一片秋色，能疗客病；
半声春鸟，偏唤愁人。

会心之语，当以不解解之；
无稽之言，是在不听听耳。

云落寒潭，涤尘容于水镜；
月流深谷，拭淡黛于山妆。

寻芳者追深径之兰，识韵者穷深山之竹。

花间雨过，蜂粘几片蔷薇；
柳下童归，香散数茎簪簠①。

幽人到处烟霞冷，仙子来时云雨香。

落红点苔，可当锦褥；草香花媚，可当娇姬。
草逆则山鹿溪鸥，鼓吹则水声鸟啭。
毛褐为纨绮，山云作主宾。
和根野菜，不酿侯鲭②；
带叶柴门，奚输甲第。

野筑郊居，绰有规制；
茅亭草舍，棘垣竹篱，构列无方，

---

① 簪簠（yán bǔ）：植物名，产自西域，花有异香。
② 侯鲭（hòu qīng）：一种精美的实物，由鱼和肉合烹而成。

淡宕如画，花间红白，树无行款。
倘徉洒落，何异仙居？

墨池寒欲结，冰分笔上之花；
炉篆气初浮，不散帘前之雾。

青山在门，白云当户，明月到窗，凉风拂座。
胜地皆仙，五城十二楼^①，转觉多设。

何为声色俱清？曰：松风水月，未足比其清华。
何为神情俱彻？曰：仙露明珠，讵能方其朗润。

逸字是山林关目，用于情趣，则清远多致；
用于事务，则散漫无功。

宇宙虽宽，世途眇于鸟道；
征逐日甚，人情浮比鱼蛮。

柳下舣舟，花间走马，观者之趣，倍于个中。

问人情何似？曰：野水多于地，春山半是云。
问世事何似？曰：马上悬壶浆，刀头分顿肉。

尘情一破，便同鸡犬为仙；
世法相拘，何异鹤鹅作阵。

清恐人知，奇足自赏。

---

① 五城十二楼：传说中神仙的居所，指仙境。典出《史记·孝武本纪》："方士有言：
'黄帝时，为五城十二楼，以候神人于执期，命曰迎年。'"

与客到，金鐏醉来一榻，岂独客去为佳；
有人知，玉律回车三调，何必相识乃再。
笑元亮之逐客何迂，羡子猷之高情可赏。[①]

高士岂尽无染，莲为君子，亦自出于污泥；
丈夫但论操持，竹作正人，何妨犯以霜雪。

东郭先生之履，一贫从万古之清；
山阴道士之经，片字收千金之重。

管辂请饮后言，名为酒胆；
休文以吟致瘦，要是诗魔。[②]

因花索句，胜他牍奏三千；
为鹤谋粮，嬴我田耕二顷。

至奇无惊，至美无艳。

瓶中插花，盆中养石，
虽是寻常供具，实关幽人性情。
若非得趣，个中布置，何能生致？

舌头无骨，得言语之总持；

---

① 鐏（zūn）：古同"樽"，一种酒杯。元亮：即陶渊明，据《晋书·陶潜传》载，陶渊明饮酒，若比客人先醉，便嘱曰："我醉欲眠卿可去。"子猷：即王徽之，据《世说新语》载，桓子野善笛，王徽之慕其名而未识。一次，王徽之乘船经过，人告桓子野在岸，便嘱仆从请其吹奏一曲。桓子野吹奏三调后离去，二人未交一语。
② 管辂（lù）：字公明，三国时魏国术士，后世奉其为观相卜卦的祖师。休文：即沈休文，南朝史学家、文学家，仕宋齐梁三朝。

眼里有筋，具游戏之三昧。

湖海上浮家泛宅，烟霞五色足资粮；
乾坤内狂客逸人，花鸟四时供啸咏。

养花，瓶亦须精良。
譬如玉环、飞燕不可置之茅茨，
嵇、阮、贺、李不可请之店中。①

才有力以胜蝶，本无心而引莺；
半叶舒而岩暗，一花散而峰明。

玉槛连彩，粉壁迷明。
动鲍昭之诗兴，销王粲之忧情。

急不急之辨，不如养默；
处不切之事，不如养静；
助不直之举，不如养正；
恣不禁之费，不如养福；
好不情之察，不如养度；
走不实之名，不如养晦；
近不祥之人，不如养愚。

诚实以启人之信我，乐易以使人之亲我；
虚己以听人之教我，恭己以取人之敬我；
奋发以破人之量我，洞彻以备人之疑我；
尽心以报人之托我，坚持以杜人之鄙我。

---

① 本节出自袁宏道《瓶史·器具》。茅茨，即茅屋。

出 版 人：史宝明

出 品 人：许　永

责任编辑：周亚灵

特邀编辑：黎福安

装帧设计：海　云

印制总监：蒋　波

发行总监：田峰峥

投稿信箱：cmsdbj@163.com

发　　行：北京创美汇品图书有限公司

发行热线：010-59799930

创美工厂
官方微博

创美工厂
微信公众平台